Dietmar Trippner – Das 1x1 der Strategie

Dietmar Trippner

Das 1x1 der Strategie

Know-how und Methoden für Menschen,
die etwas bewegen wollen

1. Auflage

Haufe Group
Freiburg · München · Stuttgart

Bibliografische Information der Deutschen Nationalbibliothek
Die Deutsche Nationalbibliothek verzeichnet diese Publikation in der Deutschen Nationalbibliografie; detaillierte bibliografische Daten sind im Internet über http://dnb.dnb.de/ abrufbar.

Print: ISBN 978-3-648-15747-3 Bestell-Nr. 10690-0001
ePDF: ISBN 978-3-648-15748-0 Bestell-Nr. 10690-0150

Dietmar Trippner
Das 1x1 der Strategie
1. Auflage 2021
© 2021 Haufe-Lexware GmbH & Co. KG, Freiburg

www.haufe.de
info@haufe.de

Grafische Gestaltung und Layout: A. Trippner
Produktmanagement: Jürgen Fischer

Dieses Werk einschließlich aller seiner Teile ist urheberrechtlich geschützt. Alle Rechte, insbesondere die der Vervielfältigung, des auszugsweisen Nachdrucks, der Übersetzung und der Einspeicherung und Verarbeitung in elektronischen Systemen, vorbehalten. Alle Angaben/Daten nach bestem Wissen, jedoch ohne Gewähr für Vollständigkeit und Richtigkeit.

ZIELSETZUNG DIESES BUCHES

ZIELSETZUNG DIESES BUCHES

Ich hatte das große Glück, schnell Karriere zu machen: Projektleiter, Gruppenleiter, Abteilungsleiter, Geschäftsführer einer Beteiligungs-GmbH und später obere Führungskraft in verschiedenen Leitungsfunktionen eines deutschen Automobilherstellers.
Der Umgang mit den Worten „Strategie" und „strategisch" war selbstverständlich und ich benutzte sie genauso wie alle meine Kollegen bis zu dem Tag, als ich die Leitung einer Hauptabteilung für Strategieentwicklung übernahm. Ich war der festen Überzeugung, in den neuen Abteilungen die Methoden der Strategieentwicklung kennenzulernen, die das Unternehmen so erfolgreich gemacht hatten. Mit Erstaunen musste ich erfahren, dass die Strategiearbeit dort sehr intuitiv, auf hervorragendem fachlichem, aber kaum methodischem Wissen basierte. Gemeinsam mit meiner Mannschaft begann ich, mich systematisch mit der Methodik guter Strategiearbeit zu befassen und die gewonnenen Erkenntnisse in den Geschäftsprozessen anzuwenden. Der erste Schritt in mein neues Interessensgebiet war getan.

Nach Firmenaustritt gründete ich mein eigenes Consultingunternehmen, um mich diesem Thema noch intensiver zu widmen. Während meiner Beratertätigkeit kam ich zu der Erkenntnis, dass eine methodisch fundierte und systematische Strategiearbeit bei vielen Kunden nicht vorhanden war. Dass Firmen trotzdem immer wieder ohne Strategiemethodik erfolgreich sind, ist sicherlich den persönlichen Stärken und dem richtigen intuitiven Handeln der Führungskräfte und ihren Mitarbeitern zu verdanken.

In Beratungsgesprächen denke ich oft, um wie viel erfolgreicher meine Kunden gewesen wären, hätten sie rechtzeitig begonnen, ihre Strategien professionell, d.h. auf guter Methodik basierend, zu entwickeln. Somit sollten Methodenkenntnisse für eine gute Strategiearbeit zum Handwerkszeug jedes Managers gehören.

Aber nicht nur Manager, sondern auch Mitarbeiter oder Privatpersonen, die erfolgreich vorankommen wollen, sollten das „Einmaleins" der Strategie beherrschen.

Warum dieses Buch? Beim Lesen zahlreicher Bücher zum Thema „Strategie" musste ich feststellen, dass die Mehrzahl der Bücher sehr umfangreich, komplex und stark akademisch geprägt ist oder primär auf die Entwicklung von Geschäfts- oder Funktionalstrategien abzielt. Nach meinem Verständnis ist strategisches Denken und Handeln nicht auf die Firmenleitung beschränkt — das Kennenlernen von Strategiemethoden ist auch keine wissenschaftliche Selbstbeschäftigung ohne Nutzen. Jeder Manager/ Mitarbeiter in verantwortungsvoller Position sollte die Grundregeln für gute Strategiearbeit bzw. für gutes strategisches Denken und Handeln kennen und anwenden. In meinen Coaching-Gesprächen kam ich immer wieder zu der Überzeugung, dass viele Probleme im Arbeitsumfeld vermeidbar gewesen wären, wenn im Vorfeld grundlegende Regeln des strategischen Denkens und Handelns berücksichtigt worden wären.

Meine Motivation und Herausforderung habe ich darin gesehen, diese Grundregeln als „Das 1x1 der Strategie" in kompakter und leicht verständlicher Form mit hoher Praxisrelevanz zu schreiben — ein alltagstaugliches Buch zur Strategieentwicklung und -umsetzung.
Viel Spaß beim Lesen und viel Erfolg bei der praktischen Anwendung.

Dietmar Trippner

INHALT

DIE ZIELSETZUNG DIESES BUCHS   7

INHALT   11

EINFÜHRUNG   14
Strategie — Bedeutung, Herkunft und Ausprägungen   15
Notwendigkeit von Strategien   20
Was ist eine erfolgreiche Strategie?   22
Grundsätzliches zur Strategieentwicklung   24
Betrachtung der Zusammenhänge   29

DIE 7 GRUNDELEMENTE DER STRATEGIEENTWICKLUNG   35
1. VISION, ZIELRICHTUNG UND ZIEL   41
2. INFORMATIONEN   53
3. VORGEHEN   65
4. RESSOURCEN   81
5. ZEIT   91
6. STRATEGISCHES DENKEN UND HANDELN   101
    Zielfindung   103
    Maßnahmen   105
    Unterstützung   105
    Umsetzung   106
    Kommunikation   106
    Umgang mit Erwartungen   107
    Einschätzung der eigenen Person   109
    Entscheiden   112
    Führen   114
    Kultur und Spirit   115
7. ANWENDBARE METHODEN   118
    ALPEN-Methode   122
    Beeinflussungsmatrix   122
    Delphi-Befragungsmethode   125
    Eisenhower-Prinzip   126
    Fehlerbaumanalyse   127

5%- zu 95%-Regel	**130**
GAP-Analyse	**131**
Methodik zur Komplexitätsreduzierung und -beherrschung	**132**
Morphologischer Kasten	**134**
Nutzwertanalyse	**136**
Pareto-Prinzip	**137**
Prinzip der 5 Warum	**138**
RASIC-Methode	**139**
Risikomanagement	**141**
SADT-Methode	**142**
Selbstwahrnehmung nach der Johari-Methode	**145**
Stakeholderanalyse	**147**
Swimlane-Diagramm	**149**
SWOT-Analyse	**150**
Wirkbereichsanalyse	**152**
Woop-Methode	**153**

BEISPIELE AUS DER PRAXIS **156**

1. Beispiel Gehaltserhöhung — Ein Strategieprozess nach der WOOP-Methode **157**
2. Beispiel IT-System Auswahlstrategie — ein sequentieller Strategieprozess **164**
3. Beispiel Reorganisation einer Fachabteilung — ein SADT-basierter Strategieprozess **172**
4. Beispiel Strategie Wärmepumpe — ein GAP-basierter Strategieprozess **179**

ZUSAMMENFASSUNG **189**

ÜBER DEN AUTOR **194**

LITERATURVERZEICHNIS **199**

EINFÜHRUNG

STRATEGIE — BEDEUTUNG, HERKUNFT UND AUSPRÄGUNGEN

Nachdem „Strategie" sicherlich das am häufigsten verwendete Wort in diesem Buch ist, sollte zu Beginn erläutert werden, woher der Begriff stammt, wie er verwendet und was heute darunter verstanden wird. Ursprünglich kommt der Begriff Strategie aus der Kriegskunst. Im Griechischen bedeutet *stratos* Heer und *again* führen. Daraus abgeleitet bedeutet das griechische Wort *strategos* ursprünglich Feldherr oder Heeresführer [1].

SUN-TSU
544 – 496 v. Chr.
China,
allererstes bekanntes Buch über die Strategie:
Die Kunst des Krieges

SENECA
1 – 65 n. Chr.
Rom,
Philosoph und Politiker, Autor der Schriften:
Epistolae morales ad Lucilium

MACHIAVELLI
1469 – 1527 n. Chr.
Florenz,
Philosoph, Politiker und Schriftsteller.
Bedeutendes Buch zur Staatsphilosophie:
Il Principe

Abbildung 1: Bedeutende Militärstrategen und Politiker [2], [3], [4]

Der Begriff wandelte sich mit der Zeit von der Bezeichnung einer Funktion zur Bezeichnung der Fähigkeit der Feldherrenkunst. Erst 1777 erfolgte durch Johannes von Bourscheidt [5] die Einführung des Begriffs „Strategie" im deutschen Sprachgebrauch.

MIYAMOTO MUSASHI

1584 – 1645
Japan,
Rōnin (herrenloser Samurai) und Autor des Werkes:
Gorin no Sho

TSUNETOMO YAMAMOTO

1659 – 1719
Japan,
Samurai und Autor des Werkes:
Hagakure

CARL VON CLAUSEWITZ

1780 – 1831
Breslau,
preußischer Heeresreformer und Militärtheoretiker mit dem Werk:
Theorie des Krieges

Abbildung 2: Bedeutende Militärstrategen [6], [7], [8]

Im militärischen Kontext legt die Strategie bzw. die strategische Planung einen grundsätzlichen und zielorientierten Handlungsrahmen zur Erreichung eines Zieles fest, der sich an einem langfristigen Zeitrahmen orientiert und militärische Passivität einbeziehen kann. Die Strategie setzt sich mit der Koordination militärischer Kräfte auf unterschiedlichen Kriegsschauplätzen zur Erreichung eines übergeordneten Zieles auseinander. Interessant ist, dass sich viele der im militärischen Kontext bewährten strategischen Überlegungen auch im zivilen Bereich hervorragend anwenden lassen. In diesem Buch werden daher immer wieder Zitate bedeutender Militärstrategen (siehe Abbildung 1 und Abbildung 2) verwendet, um grundlegendes strategisches Denken und Handeln zu einzelnen Punkten zusammenzufassen.

Allgemein wird heute unter Strategie der genaue Plan des eigenen Vorgehens verstanden, der dazu dient, ein Ziel zu erreichen (siehe Abbildung 3).

EINFÜHRUNG

Abbildung 3: Klassisches Strategieverständnis – Plan, um von einer Idee zu einem Ziel zu gelangen. In Anlehnung an Mussnig/Mödritscher.

Idealerweise wird bereits bei der Planung versucht, die Faktoren, die die Planumsetzung stören könnten, zu berücksichtigen [9] [1].

Diese Definition beschreibt verkürzt, was gemeinhin unter Strategie verstanden wird. Aus der Praxis heraus sind jedoch Ergänzungen notwendig. Je nach Umständen ist ein genauer Plan manchmal nicht möglich bzw. ratsam. Das Vorgehen sollte immer so verstanden werden, dass bei der Strategieentwicklung neben einem möglichen Plan auch das Denken und Handeln, Informieren und Kommunizieren, das Führen und Motivieren miteinbezogen wird — alles, was hilft, die angestrebten Ziele zu erreichen. Der oben besprochene „erweiterte" Strategiebegriff liegt diesem Buch zugrunde.

In der Literatur werden eine Vielzahl von Strategieausprägungen und Definitionen beschrieben.

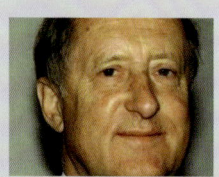  

EBERHARD VON KUENHEIM	JOHN FRANCIS „JACK" WELCH	THEO ALBRECHT
geboren 1928, Deutschland, ehemaliger BMW Vorstandsvorsitzender, in 23 Jahren Umsatzsteigerung von 1 Mrd. DM auf 30 Mrd. DM	geboren 1935, USA, ehemaliger CEO von General Electric, in 20 Jahren Umsatzsteigerung von 27 Mrd. US$ auf 130 Mrd. US$	geboren 1920, Deutschland, entwickelt mit Bruder Karl aus einem Krämerladen die Aldi Gruppe mit 120,9 Mrd. US$ Umsatz in 2021

Abbildung 4: Bedeutende Strategen aus Wissenschaft und Wirtschaft [11], [12], [13], [14]

EINFÜHRUNG

Es gibt allein im Bereich der Wirtschaft Dutzende von Strategieausprägungen: Marktstrategien, Wettbewerbsstrategien, Wachstumsstrategien, Personalstrategien, Produktstrategien etc. (vgl. auch [5] und [10]). Bei all diesen Strategien geht es darum, durch geplantes Handeln Unternehmensziele zu erreichen.

Im Zusammenhang mit einer ganzheitlichen Unternehmensstrategie wird oft von „vorgeordneten" Konzepten der Vision und des Unternehmensleitbildes sowie von strategischem Management gesprochen. Die oben aufgelisteten Strategieausprägungen wären nach dieser Definition „nachgeordnete" Strategien. Man nennt sie auch Fach- oder Funktionalstrategien [5].

In Analogie zu den Militärstrategen finden sich in Wirtschaft und Wissenschaft ebenfalls kluge Köpfe, die Unternehmen durch exzellentes strategisches Denken und Handeln in Spitzenpositionen gebracht haben (siehe Abbildung 4 und Abbildung 5).

MICHAEL EUGENE PORTER	STEVEN „STEVE" PAUL JOBS	WILLIAM „BILL" HENRY GATES III
geboren 1947, USA, Professor für BWL und strategisches Management, bekanntestes Werk: *Competitive Advantage*	1955 – 2011, USA, Mitbegründer und CEO von Apple Inc., geschätztes Vermögen 2011, 8,3 Mrd. US$	geboren 1955, USA, gründete 1975 Microsoft, geschätztes Vermögen 2021, 120 Mrd. US$

Abbildung 5: Bedeutende Strategen aus Wissenschaft und Wirtschaft [15], [16], [17]

Zitate dieser Führungspersönlichkeiten bieten sich geradezu an, strategische Zusammenhänge einprägsam zu beschreiben.
Was in der Literatur häufig vernachlässigt wird, ist die Tatsache, dass Strategien nicht nur für Organisationen und Funktionseinheiten entwickelt und angewendet werden, sondern dass Strategien ebenso von Einzelpersonen entwickelt und genutzt werden, um persönliche Ziele im Privaten und/oder Geschäftlichen zu erreichen.

In den nachfolgenden Betrachtungen werden Prinzipien und Zusammenhänge möglichst kontextfrei behandelt, um für die individuelle Ausgangssituation die Grundregeln guter Strategiearbeit zu beschreiben. Diesen Grundregeln und den entsprechenden Methoden und Anregungen zum strategischen Denken und Handeln lassen sich 7 Themenfelder zuordnen. Sie werden hier die **7 Grundelemente der Strategie** genannt.

NOTWENDIGKEIT VON STRATEGIEN

Warum benötigen wir überhaupt Strategien? Verneinen wir den Satz: „Im Allgemeinen versteht man unter Strategie einen genauen Plan des eigenen Vorgehens, der dazu dient, ein Ziel zu erreichen", dann würde in etwa herauskommen: „Im Allgemeinen benötigen wir keinen Plan des eigenen Vorgehens, um ein Ziel zu erreichen". Jeder wird sofort sagen, das sei falsch. In der Regel braucht man immer einen Plan, um ein Ziel zu erreichen — es stellt sich nur die Frage, welcher Plan uns wann und wie hilft.
Ein Plan ist das Ergebnis einer Planung. Die Planung basiert auf der menschlichen Fähigkeit zur gedanklichen Vorwegnahme von Handlungsschritten, die zur Erreichung eines Zieles notwendig erscheinen. So entsteht ein Plan — er ist eine zeitlich geordnete Menge von Daten. Der Zweck von Planung besteht darin, eine realistische Vorgehensweise zu entwickeln, um ein Ziel auf möglichst direktem Weg zu erreichen [18].

Bei der Planung ist zu berücksichtigen, mit welchen Mitteln das Ziel erreicht werden kann, wie diese Mittel angewendet werden können und wie das Erreichte kontrolliert werden kann. Im Idealfall erzeugen die Planungsergebnisse als kurz-, mittel- oder langfristige Pläne die Handlungssicherheit [18].

Die Strategiedefinition ist eng mit der Definition der Planung verbunden. Der entscheidende Unterschied zwischen einer Strategie und einem Plan besteht darin, dass eine Strategie viel weiter gesteckt sein kann, also mehrere Pläne enthalten kann. Darüber hinaus werden in einer guten Strategie neben dem Plan diejenigen Faktoren betrachtet, die in die eigene Aktion hineinspielen könnten und ergänzendes/anderes Handeln erfordern. Hierzu sind dann wiederum Alternativpläne notwendig. Des Weiteren muss eine Strategie im Gegensatz zu einem Plan nicht zwingend konkrete Ziele verfolgen. Oft wird mit einer Strategie nur eine Zielrichtung definiert. Dies gilt insbesondere in einem sehr volatilen Umfeld. Eine Strategieentwicklung beinhaltet meist noch die Identifizierung und Festlegung der Ziele und der Zielrichtung an sich, deren Erreichung dann über die Planung erfolgen soll. Der Plan ist in der Regel nur Teil einer Strategie, aber ein wesentlicher.

Welchen Nutzen kann uns eine gute Strategieentwicklung, Strategie bzw. die in der Strategie festgelegte Planung neben der tatsächlichen Zielerreichung noch bringen:

- Klarheit über die anzustrebenden Ziele, den damit verbundenen Nutzen und gegebenenfalls die begleitenden Schäden;
- Sicherheit darüber, welche Ziele nicht erstrebenswert sind;
- Transparenz über mögliche Risiken und Chancen;
- Einschätzung zur Zielerreichbarkeit;
- Klarheit über benötigte Ressourcen, Maßnahmen und deren zeitliche Abfolge;
- Größere Entscheidungs- bzw. Handlungsgeschwindigkeit und -sicherheit bei der Umsetzung;

- Ad-hoc-Verfügbarkeit von Alternativ- bzw. Ausweichplänen;
- Informations- und Kommunikationsgrundlage für:
  - Abstimmungs- und Entscheidungsprozesse;
  - Orientierung und Motivation;
  - Koordination einer Aufgabenteilung und Sicherstellung der Handlungskonvergenz;
- Grundlage der Erfolgskontrolle und Steuerung;
- Verständnis zu notwendigen Folgemaßnahmen zur Absicherung des erreichten Ziels bzw. die Möglichkeit, weitere Ziele zu verfolgen.

WAS IST EINE ERFOLGREICHE STRATEGIE?

Eine Strategie besteht nicht nur aus einem Plan, der abzuarbeiten ist. Nach dem Grundverständnis, auf dem dieses Buch basiert, ist eine Strategie ein methodisches Vorgehen nach einem Konzept, das dazu dient, Ziele zu erreichen bzw. Handlungen in eine Richtung zu bewegen, damit gewünschte Effekte eintreten. Dabei folgt das methodische Vorgehen nicht einem festen Schema, sondern das Konzept wird situativ konfiguriert. Die Konfiguration sollte mithilfe geeigneter Methoden so gewählt werden, dass die angestrebten Ziele mit wenig Aufwand die maximale Wirkung erreichen und die gewünschte Situation herbeiführen.

Erfolg wird allgemein als das Erreichen eines definierten oder als erstrebenswert anerkannten Ziels bzw. Ziele verstanden [19]. Daraus und aus den oben formulierten Prämissen resultiert, dass eine erfolgreiche Strategie nur die ist, die geholfen hat, die Ziele mit wenig Aufwand und maximaler Wirkung zu erreichen. Idealerweise sogar so, dass eine nachhaltige Wirkung erreicht wird, die im positiven Sinne noch weit in die Zukunft hineinreicht. Der Erfolg kann also nur rückwirkend festgestellt werden. Bei einer rückwirkenden Betrachtung kommt es wiederum darauf an, wann sie vorgenommen wird — unmittelbar nach Erreichen des Ziels/Zwischenziels oder später.

Ein Erfolg kann über einen langen Zeitraum bestehen. Er kann sich jedoch zu einem späteren Zeitpunkt genau ins Gegenteil wandeln, zum Beispiel, wenn mit dem Erreichen des Ziels Randbedingungen geschaffen werden, die den vermeintlichen Erfolg wieder zunichte machen. Ein bekanntes Beispiel hierfür ist der Pyrrhussieg in der Schlacht bei Asculum in Süditalien 279 v. Chr.

George Eliot, englische Schriftstellerin, 19. Jh.:
„Es gibt viele Siege, die schlimmer sind als eine Niederlage."

Natürlich sind nicht alle Einflüsse, die die Nachhaltigkeit des Erfolgs prägen, vorhersehbar und deren Wirkung abschätzbar. Es gibt aber einige Grundsätze, die für einen nachhaltigen Erfolg entscheidend sind. Diese Grundsätze werden in den Kapiteln „Vorgehen" sowie „Strategisches Denken und Handeln" näher betrachtet.

Eine wirklich erfolgreiche Strategie ist die, die sowohl die Wirkung der Vorgehensweise zur Zielerreichung als auch die Auswirkung nach Erreichen des Ziels auf das Umfeld mitberücksichtigt.

Grundsätzlich ist festzuhalten, dass Aussagen über den Erfolg vom Wertesystem des Beurteilenden abhängen. Was für den einen großen Erfolg darstellt, kann für den anderen lediglich ein geringer oder sogar ein Misserfolg sein. Entscheidend ist, wer den Erfolg einer Strategie beurteilt und wie sich dies auf einen selbst/die eigene Organisation auswirkt.

Henry Ford, amerikanischer Unternehmer, 20. Jh.:
„Wenn es überhaupt ein Geheimnis des Erfolges gibt, so besteht es in der Fähigkeit, sich auf den Standpunkt des anderen zu stellen und die Dinge ebenso von seiner Warte aus zu betrachten, wie von unserer."

GRUNDSÄTZLICHES ZUR STRATEGIEENTWICKLUNG

In den Quellen über Strategien bzw. Strategieentwicklungen gibt es unzählige Beschreibungen über geeignete Ansätze, Methoden und Vorgehensweisen zu bestimmten Schritten bei der Strategieentwicklung oder Strategieumsetzung. Auch die komplexesten Strategiebeschreibungen lassen sich generell in 3 Phasen aufteilen (siehe Abbildung 6).

In Phase A (Ziel/Vision) erfolgt die Entwicklung oder, wenn bereits vorgegeben, die Beschreibung der Zielvorstellung, die gegebenenfalls iterativ abzustimmen ist.

In Phase B (Informationen) werden alle notwendigen Informationen beschafft, die für eine erfolgreiche Zielerreichung notwendig sind. Eventuell werden Ziele aufgrund aktueller Informationen angepasst.

In Phase C (Ausplanung und Umsetzung) erfolgt die eigentliche Konzeption, Ausplanung und Umsetzung der notwendigen Maßnahmen zur Zielerreichung. Hier kann es Rückkopplungen für die Beschaffung weiterer Informationen bzw. zu notwendigen Zielanpassungen geben.

Eine gute Planung, die richtige Wahl der Methoden und Professionalität bei der Umsetzung entscheiden über die Effizienz und Effektivität der Zielerreichung. **Eine gute Strategie ist die, die mit minimalem Einsatz am schnellsten zum gewünschten Ziel führt und nachhaltig wirkt.**

Schwierig ist es, wenn das Zeitfenster von Zieldefinition bis Umsetzungsende groß ist oder Randbedingungen, die für die Zielerreichung maßgeblich sind, starken Veränderungen unterliegen. Zielverfehlungen sind hier vorprogrammiert (siehe Abbildung 7).

Die globale Vernetzung von Politik und Wirtschaft und der schnelle Zugriff auf Informationen durch das Internet bringen eine zunehmende Dynamik mit sich. Dies führt zu immer größeren Unsicherheiten bei langfristigen Planungen. Betroffen sind nicht nur Politik und Wirtschaft, letztendlich ist diese Unsicherheit auch immer häufiger bei der persönlichen Planung zu beobachten.

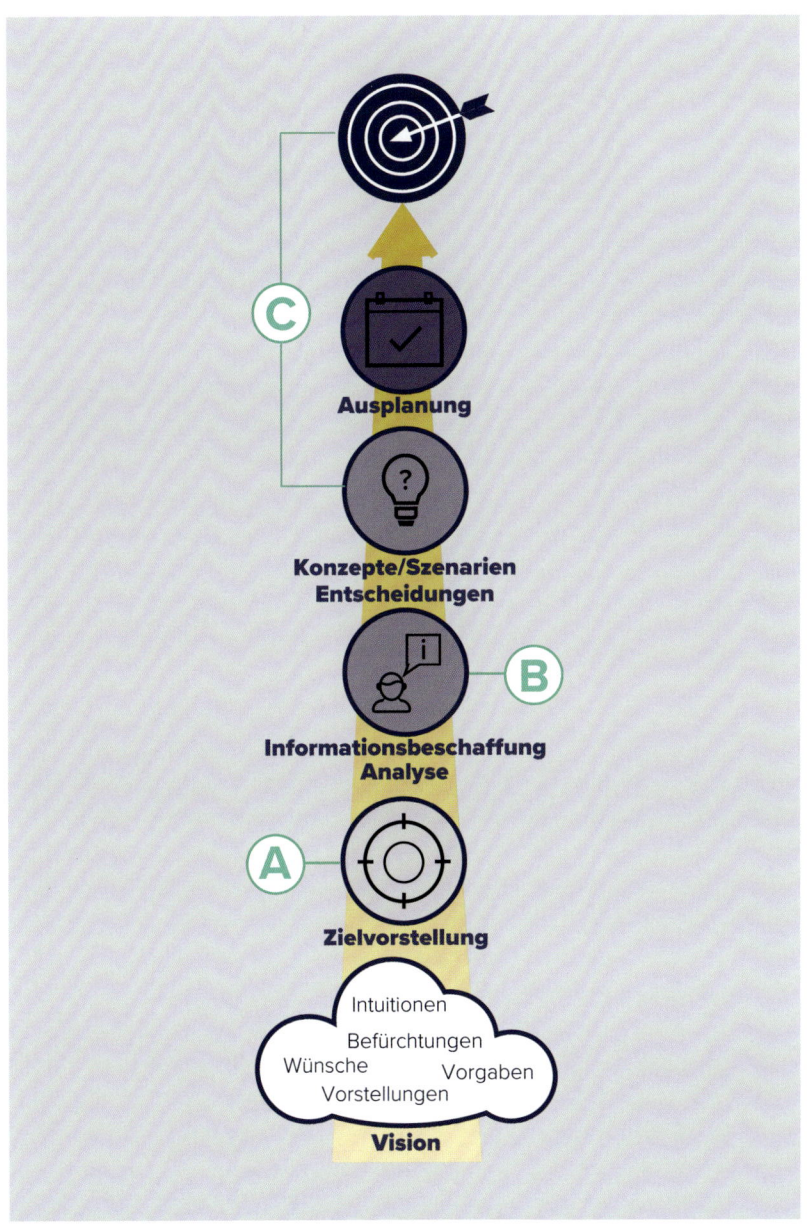

Abbildung 6: Phasen im Strategieentwicklungsprozess in Anlehnung an [1]

Abbildung 7: Mögliche Zielverfehlung bei klassischem Strategieansatz

Die Fähigkeit, auf Basis grundsätzlicher Betrachtungsweisen und Ausrichtungen flexibel erfolgversprechende Ziele zu verfolgen, gewinnt daher zunehmend an Bedeutung. Das Wort agil hat sich aus diesem Grund in unterschiedlichen Verwendungen verbreitet und es liegt nahe, in dem Kontext von agilen Strategieansätzen zu sprechen.

Bei einem agilen Strategieansatz ist ein festgelegtes Ziel bzw. Zielbild nicht vorrangig. Entscheidend ist bei diesem Ansatz, eine „erfolgversprechende" Zielrichtung zu bestimmen. Die Festlegung der Zielrichtung beinhaltet ebenso die Festlegung der Ziele, die man unter keinen Umständen anstreben möchte oder kann. Darüber hinaus ist die Beschreibung eines strategischen Rahmens, der die eigenen Fähigkeiten und Randbedingungen berücksichtigt, wichtig. Der strategische Rahmen ermöglicht schnellere und sichere Entscheidungen bei eventuellen notwendigen Richtungsänderungen. Er definiert den Korridor für die permanente Anpassung und Weiterentwicklung von Teilzielen und hält uns auf Kurs.

Wenn viele Personen in den Strategieentwicklungsprozess eingebunden sind, müssen klare Regeln festgelegt werden, damit immer wieder eine Konvergenz in eine gemeinsame Richtung erfolgen kann. Die permanente Beschaffung und Analyse relevanter Informationen, die Anpassung und Neufestlegung von Teilzielen im Rahmen des Zielkorridors ermöglichen es bei der Strategieumsetzung, Risiken zu vermeiden, Krisen zu meistern und Chancen zu nutzen.

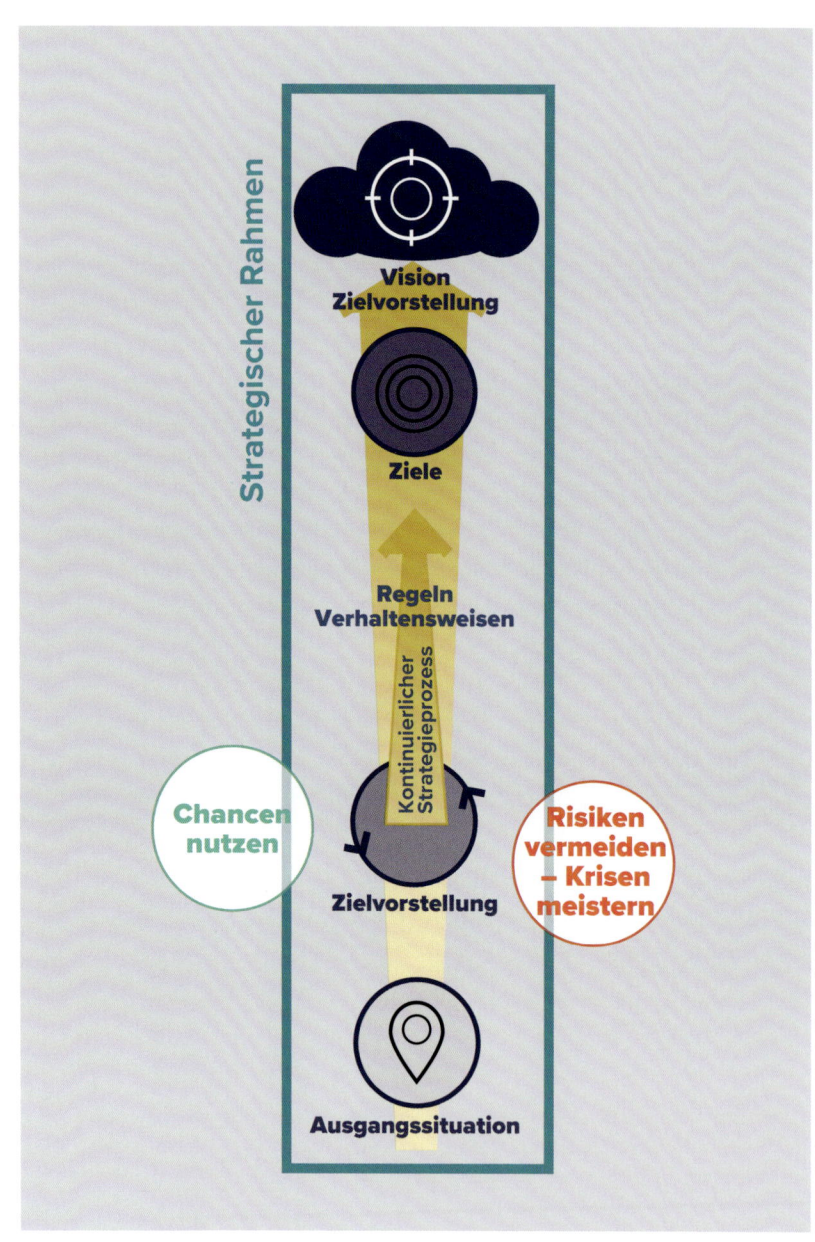

Abbildung 8: Prinzip eines agilen Strategieansatzes [20]

EINFÜHRUNG

BETRACHTUNG DER ZUSAMMENHÄNGE

Eine gute Strategie ist die, die mit geringstmöglichem Einsatz von Ressourcen am schnellsten zum Ziel führt (Effizienz) und nachhaltig wirkt (Effektivität). Das gilt unabhängig von der Strategieform. Es geht immer um die Effizienz und die Effektivität einer Strategie. Zum Verständnis der Zusammenhänge ist es sinnvoll, die Stellhebel zu betrachten, die Effizienz und Effektivität maßgeblich beeinflussen.

Unabhängig davon, ob klassisch oder agil (vgl. Abbildung 9 und Abbildung 10), die wesentlichen Stellhebel für eine effektive und effiziente Strategie sind:

- verlässliche und ausreichende Informationen für Planung und Entscheidung;
- verfügbare kompetente Ressourcen;
- notwendige Zeit für Informationsbeschaffung, Ausplanung und Umsetzung;
- geeignetes Vorgehen;
- passende Methoden;
- motivierender Führungsstil und eine der Strategie angepassten Organisationsform.

Bei einem klassischen Strategieansatz sind die Stellhebel so zu justieren, dass:

- ein möglichst präzises und erreichbares Zielbild entsteht;
- für diese Zielsetzung optimierte Ressourcen und notwendige Zeit verfügbar sind;
- eine eher transaktionale Führung und ein striktes Controlling konsequent auf die Zielerreichung ausgerichtet sind.

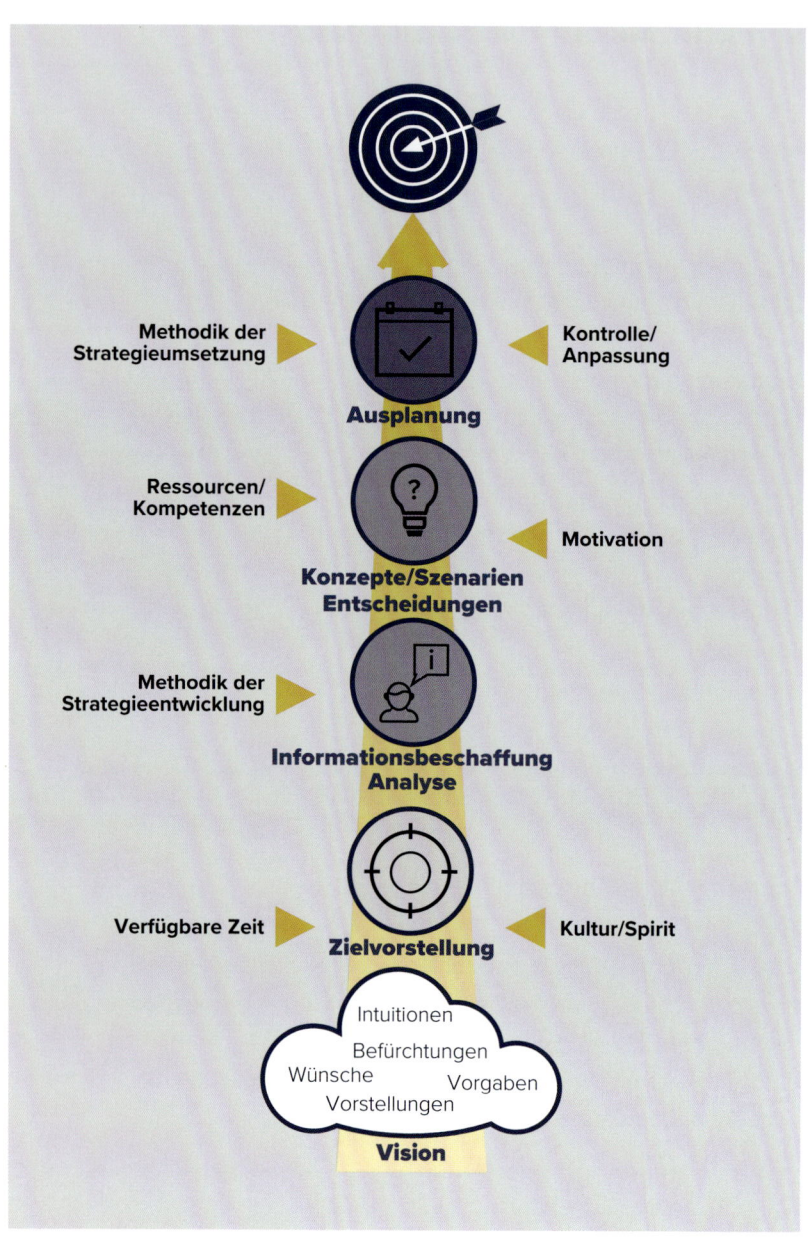

Abbildung 9: Stellhebel für die Effektivität und Effizienz einer klassischen Strategie

Im Gegensatz dazu sind bei einem agilen Strategieansatz die Stellhebel so zu justieren, dass:
- ein möglichst präzises Bild der Zielrichtung, des Handlungsraumes und der strategischen Rahmenbedingungen entsteht;
- für dieses Vorgehen möglichst anpassbare flexible Ressourcen und Organisationsformen zur Verfügung stehen;
- eine eher transformationale Führung, eine offene Vertrauenskultur und ein Spirit, der auf permanentes Abstimmen und Nachjustieren der Zielrichtung, der Teilziele und der dafür notwendigen Maßnahmen ausgerichtet ist.

Zwischen diesen beiden Extremformen der Strategie wird nachfolgend nicht weiter unterschieden. In der Praxis sind sicherlich Mischformen relevant. Bei der Beschreibung der Einflussgrößen und den zugeordneten Methoden und Grundsätzen für eine effiziente und effektive Strategie wird im Einzelnen darauf hingewiesen, welcher Ansatz für welche Strategieform geeignet ist.

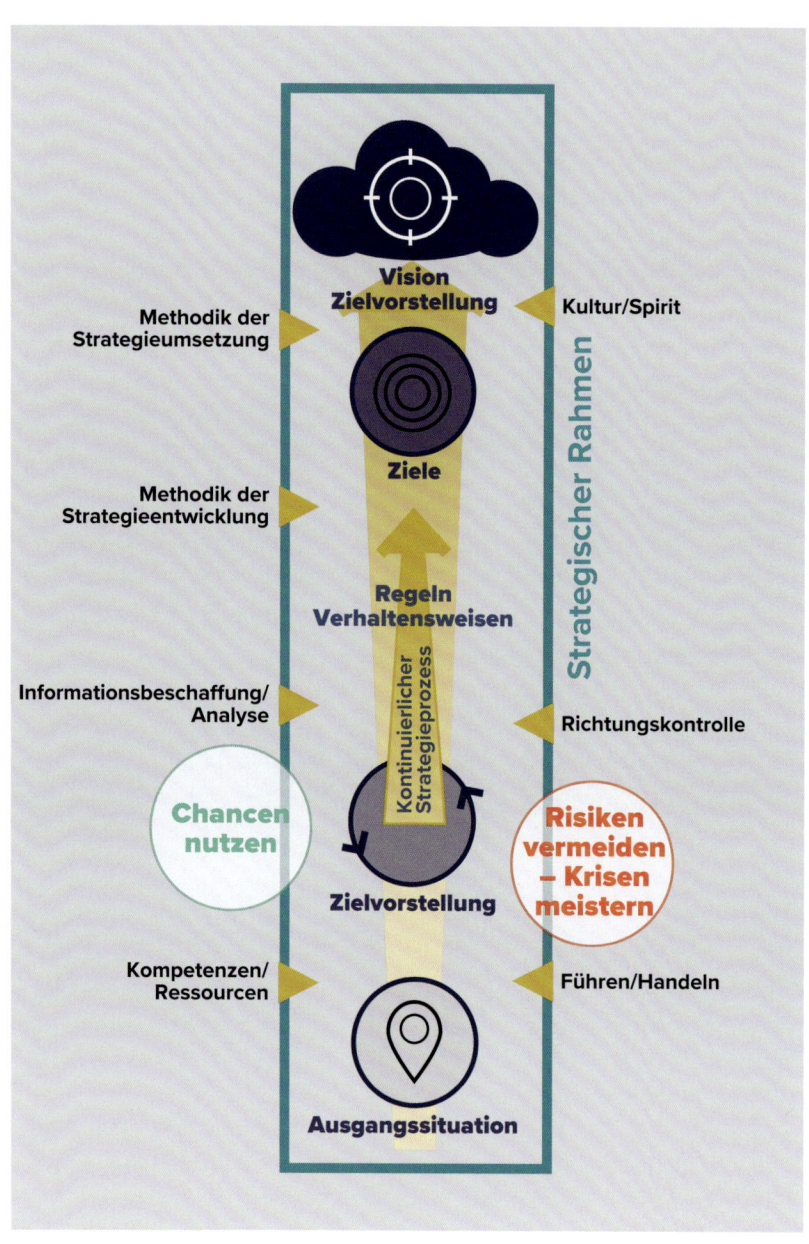

Abbildung 10: Stellhebel für die Effektivität und Effizienz einer agilen Strategie

DIE 7 GRUND-ELEMENTE DER STRATEGIE-ENTWICKLUNG

DIE 7 GRUNDELEMENTE DER STRATEGIEENTWICKLUNG

Nach Herleitung der Definition einer erfolgreichen Strategie und dem Wissen zu den prinzipiellen Stellhebeln für eine effiziente und effektive Umsetzung geht es nun um die Fragestellung der Konfiguration: Wie soll die Strategie ausgestaltet werden? Hierzu wird die Strategie erst einmal in ihre 7 Grundelemente zerlegt und das prinzipielle Zusammenspiel ihrer unterschiedlichen Ausprägungen im Kontext diskutiert. In Ergänzung dazu wird im Kapitel „Beispiele" dieser Zusammenhang anhand vier praktischer Beispiele erläutert.

In Abbildung 11 sind die 7 Grundelemente jeder erfolgreichen Strategie in einem Tableau dargestellt — **„Strategie-Tableau"** genannt. Entscheidend ist, dass für eine effiziente, effektive und nachhaltige Strategieumsetzung die richtige Konfiguration gefunden wird. Wie die jeweilige richtige Konfiguration aussieht, hängt maßgeblich von der Ausgangssituation, den Randbedingungen und dem Wissen des strategischen Denkens und Handelns sowie geeigneter Methoden ab. Es gibt keine feste Reihenfolge beim Konfigurieren einer Strategie. Eine Strategie kann prinzipiell aus dem strategischen Denken heraus resultieren — Ziele oder Visionen können vorgegeben sein. Im nächsten Schritt kann die Informationsbeschaffung im Vordergrund stehen oder die Überlegungen zum Vorgehen. Unter Berücksichtigung der verfügbaren Zeit und der vorhandenen Ressourcen können erste Konzepte wieder verworfen oder geändert werden etc. In der Praxis läuft die Konfiguration meist iterativ, d.h. in Schleifen ab.

In den nächsten Kapiteln soll einerseits grundlegendes Wissen zu den 7 Elementen vermittelt werden, andererseits soll angeregt werden, eigene Strategiekonzepte zu entwickeln oder existierende kritisch zu hinterfragen.

Die Schwierigkeit, eine gute Strategie auszuarbeiten, kommt in der Abbildung dadurch zum Ausdruck, dass die Ausgestaltung der Inhalte jedes einzelnen Elementes von der Ausgestaltung/der Verfügbarkeit von Inhalten anderer Elemente abhängt — es entsteht eine „erfordert" und „ermöglicht" Beziehung. Aus diesem Grund findet in der Praxis sehr oft ein iterativer Abgleich zwischen diesen Grundelementen statt, bis eine optimale Konfiguration gefunden ist und die Strategie erfolgversprechend und stimmig ist.

Darüber hinaus gibt es zig Methoden und Denkmuster, die für die Festlegung und Ausarbeitung der Strategiebausteine verwendet werden können. Dieser Sachverhalt und die Tatsache, dass auch die zitierten Bücher teilweise über 600 Seiten Strategiemethodik beschreiben, erweckt den Anschein, dass die Strategieentwicklung eine äußerst komplexe Aufgabe ist. Aus Sicht des Autors ist dem nicht so.

Nachfolgend werden nur die strategierelevanten Zusammenhänge sowie die Methoden und Denkanstöße beschrieben, die selbst erfolgreich zur Anwendung kamen oder deren erfolgreiche Anwendung in der Praxis beobachtet wurde.

Abbildung 11: Das „Strategie-Tableau" — mit den 7 Grundelementen der Strategieentwicklung

1. VISION, ZIELRICHTUNG UND ZIEL

VISION, ZIELRICHTUNG UND ZIEL

Abbildung 12: Grundelement „Vision, Zielrichtung und Ziele" im Strategie-Tableau

VISION, ZIELRICHTUNG UND ZIELE

Seneca, römischer Philosoph, 1. Jh. n. Chr.:
„Wenn ein Seemann nicht weiß, welches Ufer er ansteuern muss, dann ist kein Wind der richtige."

Was schon der römische Philosoph Seneca so einprägsam formuliert hat, ist eine Grundvoraussetzung jeder Strategieentwicklung und letztendlich für jede Alltagshandlung nutzbringend.
Senecas Bild von Schiff und Ufer eignet sich sehr schön, um die Unterschiede von Vision, Zielrichtung und Ziel herauszuarbeiten.

- die **Vision** war der Zukunftstraum von Christoph Columbus, im Westen einen neuen Weg nach Indien zu finden, um einen schnellen und gewinnbringenden Handel zu ermöglichen
- die **Zielrichtung** war in diesem Fall, von Spanien in Richtung Westen zu segeln, um einen neuen Weg zu finden
- das konkrete **Ziel** war damals, nach Gomera zu segeln, um von da einen guten Ausgangspunkt für die Reise nach Westen zu schaffen

Die Vision kann für eine Strategieentwicklung bereits vorgegeben sein, wie hier die neue Route nach Indien, oder sie kann im Rahmen der Strategieentwicklung erst erschaffen werden. Hätte es damals eine übergeordnete Strategie zur Füllung der Staatskassen gegeben, dann wäre die Vision von Columbus vermutlich im Rahmen der Finanzstrategie des spanischen Königs nur eine mögliche Maßnahme gewesen. Es ist also immer eine Frage des Blickwinkels. Für die einen ist es die Vision, die Begeisterung auslösen soll und der eine Strategie folgt, für die anderen ist es lediglich eine von mehreren Maßnahmen einer übergeordneten Strategie. Eine Vision muss nicht „von oben" kommen. Über Hierarchien hinweg können Zielvorgaben einer übergeordneten Strategie als Grundlage einer Vision auf niedrigeren Ebenen dienen, für die wiederum eine Strategie ausgearbeitet werden kann (siehe Abbildung 13).

VISION, ZIELRICHTUNG UND ZIEL

Abbildung 13: Prinzip der Hierarchisierung bei der Visions- und Zielfindung

Das Prinzip der Hierarchisierbarkeit der Vision/Zielfindung sollte jede Führungskraft und jeden Mitarbeiter motivieren, angemessene eigene Visionen und Ziele zu entwickeln. Dadurch werden Eigeninitiative und unternehmerisches Denken aktiviert und persönliche Freiräume geschaffen. Natürlich müssen diese Subziele in die übergeordnete Strategie einfügbar sein und in hohem Maße den übergeordneten Zielen dienen. Mit etwas Geschick lassen sich auch persönliche Ziele einflechten, die die eigene Position stärken, Vorteile schaffen und die Motivation erhöhen. Erfahrungen aus der Praxis zeigen, dass die persönliche Zieleinbringung viel zu wenig genutzt wird.

Jack Welch, amerikanischer Manager, 20. Jh.:
„Mein Job ist weniger die Kontrolle als vielmehr die Ermutigung und die Übergabe von Macht an Leute mit Träumen und Visionen."

Entscheidend ist, ob als Führungskraft, Projektleiter oder Spezialist, dass eine Vorstellung davon existiert, was erreicht werden soll, in welche Richtung es geht und wie die konkreten Ziele aussehen. In Abhängigkeit der Zeit und der Wahrscheinlichkeit, das Ziel zu erreichen, kann eine Strategie ausgearbeitet bzw. das tägliche strategische Handeln abgeleitet werden.
Bei der Festlegung oder Annahme von Zielen, Zielrichtungen oder Visionen ist immer zu hinterfragen, ob tatsächlich alle Mittel und Fähigkeiten vorhanden sind, diese zu erreichen.

Epiktet, griechischer Philosoph, 1. Jh. n. Chr.:
„Lass Dich nie in einen Wettkampf ein, in dem zu siegen nicht in Deiner Macht steht."

Grundsätzlich ist es ratsam, Ziele in Teilziele zu untergliedern. Geordnet werden kann nach zeitlicher Relevanz und Dringlichkeit, Abhängigkeit zueinander, Wichtigkeit für das Gesamtziel sowie der Wahrscheinlichkeit einer erfolgreichen Umsetzung.

Es gibt viele Methoden – die wichtigsten werden im Kapitel „Anwendbare Methoden" beschrieben. Beispielsweise können mithilfe des „Eisenhower-Prinzips" Maßnahmen nach den Kriterien Dringlichkeit und Wichtigkeit geordnet werden.

Die Prüfung, ob ein Ziel erreichbar ist oder nicht, erfordert eine erste Einschätzung der Wirksamkeit der geplanten Maßnahmen, der Verfügbarkeit der notwendigen Ressourcen und Zeit. Der preußische Militärstratege Carl von Clausewitz formulierte diesen Sachverhalt in seinem Buch „Vom Krieg" [8] Anfang des 19. Jh. etwas umständlich, aber eindeutig so: *„Je schwächer die Kraft, umso kleiner müssen die Zwecke (Ziele) sein"* und *„je schwächer die Kraft, um so kürzer die Dauer"*. Zeit und Ressourcen sind folglich bei der Zielfestlegung immer zu berücksichtigen.

Selbst definierte Ziele, bei denen andere Personen eingebunden sind, erfordern Zielformulierungen, die klar, einprägsam und überzeugend sind. Bei konkreten Zielen sollte die Zielerreichung messbar sein, bei Visionen ist Begeisterungsfähigkeit ein Muss.
Beispiele für Formulierungen von:

- **Vision**: *„A computer on every desk and in every home!"*
  Diese Vision ist kristallklar, groß und zugleich ganz konkret. Eine Vision wie diese muss natürlich über die Zeit verändert werden, doch war sie zu ihrer Entstehung genau das, was sie sein sollte: ein klares Bild der Zukunft, das die Mitarbeiter von Microsoft motiviert hat, Gewaltiges zu erreichen [21].
- **Zielrichtung**: *„Nicht die Großen fressen die Kleinen, sondern die Schnellen überholen die Langsamen!"* [22], [11] E. v. Kuenheim hat mit diesem Zitat die Zielrichtung vorgegeben, die Prozesse in der BMW AG zu beschleunigen, um gegenüber dem Wettbewerb im Vorteil zu sein. Er hat so das Selbstbewusstsein der damals noch kleinen Firma BMW gestärkt und die Mitarbeiter in höchstem Maße motiviert.

- **Ziel**: *„Die Fehlerquote muss unter allen Umständen bis zum Ende des Jahres halbiert werden!"* Diese konkrete Zielbeschreibung kennen wir alle. Die Formulierung ist klar und gleichzeitig schwingt etwas Bedrohliches mit, so dass alle Angesprochenen um die Wichtigkeit wissen.

Bei Vorgaben von Visionen und Zielen, die von Dritten ausgehen, sollte eindeutig zum Ausdruck kommen von wem die Vorgaben stammen, welche Erwartungen damit verbunden sind und welche nicht. Darüber hinaus muss Klarheit herrschen, welche Auswirkungen die Zielumsetzung auf die Umgebung hat und mit welchen Reaktionen während der Zielumsetzung zu rechnen ist. Vorhersehbare Reaktionen können dann wiederum Eingang in die Maßnahmenplanung finden.

Neben Identifizierung und Beschreibung der jeweiligen Ziele ist es bei agilen Strategieansätzen wichtig, die Zielbereiche zu beschreiben, die auf keinen Fall betreten werden dürfen. Die Beschreibung der „Nicht-Ziele" hilft, das Bild von der eigentlichen Zielrichtung zu schärfen und gibt anderen die Möglichkeit, sich bei Zielanpassungen mitdenkend einzubringen.

Michael E. Porter, Wirtschaftsstratege, USA, 20. Jh.:
„Der Kern einer Strategie besteht darin, zu bestimmen, was man nicht macht."

Der Grenzbereich zwischen Zielen und Nicht-Zielen bestimmt primär den „strategischen Rahmen" einer Strategie.
Darüber hinaus fließen vorgegebene oder selbst getroffene Annahmen und Prämissen ein. Es können rechtliche oder finanzielle Bedingungen, Leitlinien oder auch kulturelle Werte sein.
Sehr hilfreich ist, diese in einem Hypothesen- und Prämissenset festzuhalten und kontinuierlich zu aktualisieren.

Stehen die Ziele/Nicht-Ziele bzw. die Zielrichtung fest, sollte der eingeschlagene Kurs konsequent eingehalten werden. Auf keinen Fall dürfen Ziele, die langfristig und nachhaltig Vorteile versprechen, zugunsten von Zielen, die kurzfristig vorteilhaft erscheinen, aufgeben werden. Bei jeder noch so kleinen Entscheidung ist zu prüfen, ob sie näher an das Ziel heranführt oder davon weg. Das Prinzip hat den Vorteil, dass stets eine Orientierung für die Entscheidungen gegeben ist, insbesondere bei Entscheidungen unter Zeitdruck.

Wenn neue Ideen und Maßnahmen glauben lassen, sich den gesteckten Zielen schneller anzunähern, muss stets überprüft werden, ob Aufwand und Wirkung in einem günstigen Verhältnis zueinander stehen und ob nicht die ursprünglichen Maßnahmen besser wären. Methodenbausteine, die in diesem Buch in einem separaten Kapitel detailliert beschrieben werden und die sich im Kontext der Zielfindung bewährt haben, sind:

- die **SWOT-Analyse**, um sich die Ausgangssituation bezüglich Stärken, Schwächen, Bedrohungen und Chancen vor Augen zu führen;
- die **GAP-Analyse**, um Lücken und Schwachstellen zu identifizieren und Maßnahmen zuzuordnen (Dies gilt sowohl für die Bewertung der Ausgangssituation als auch für mögliche Ziele.);
- das **Prinzip der 5 Warum**, um Problemstellungen auf den Grund zu gehen und Problemursachen zu finden (Ziele lassen sich somit auf die eigentlichen Problemursachen reduzieren.);
- der **Morphologischer Kasten**, um Zusammenhänge zwischen Problemstellungen und möglichen Lösungsansätzen und Teilzielen zu finden;
- die **SADT-Methode** (Structured Analysis and Design Technique), um Abläufe, Prozesse und Organisationen zu analysieren und zu modellieren (Durch die Zuordnung von Funktion, Input, Output, Steuerung und Ressourcen wird eine übersichtliche Darstellung von Zusammenhängen, die zur Problemanalyse wie zur Zieldefinition hilfreich sein kann, erreicht.);

- die **Wirkbereichsanalyse**, um Teilziele zu identifizieren und zu definieren;
- die **WOOP-Methode**, um sich mit der Zieldefinition möglichst alle Hindernisse vorzustellen und sich Maßnahmen zur Überwindung der Hindernisse zu überlegen. Sie eignet sich für kleinere Vorhaben und ist eine Motivationsmethode.

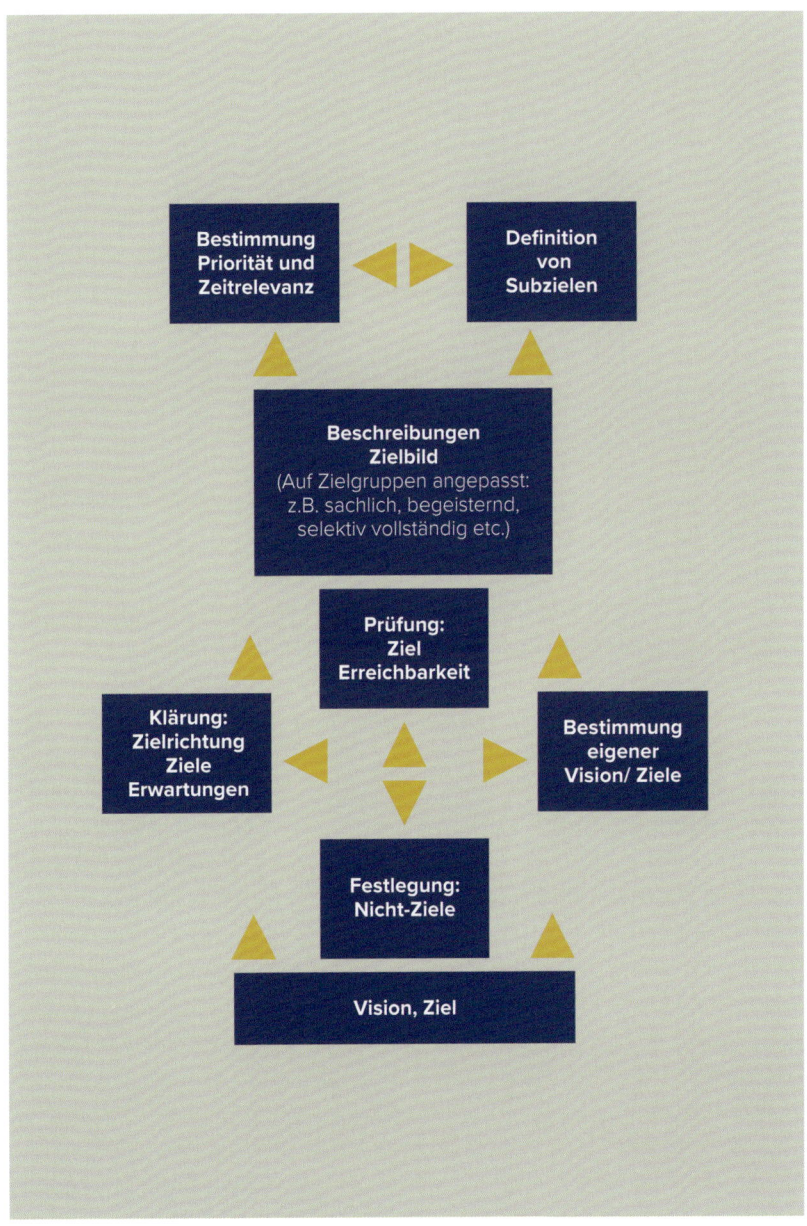

Abbildung 14: Zusammenfassung des Vorgehens für die Zielbestimmung

2. IN-FORMATIONEN

INFORMATIONEN

Abbildung 15: Schlüsselelement „Informationen" im Strategie-Tableau

INFORMATIONEN

Relevante, aktuelle und verlässliche Informationen sind das A und O für jede Strategie. Sie sind Grundlage für die passende Ausgestaltung des Vorgehens und für die Festlegung geeigneter Maßnahmen — sie bilden das Fundament einer Strategie und aller notwendigen Entscheidungen. Beschaffung, Aktualisierung, Analyse, Transformation und Weitergabe sind entscheidend für den Erfolg.

Yamamoto Tsunetomo, japanischer Militärstratege, 17. Jh.:
„Wenn all deine Entscheidungen auf deiner eigenen Weisheit basieren, tendierst du zur Eigennützigkeit und begehst Fehler …"

Myamoto Musashi, japanischer Militärstratege, 17. Jh.:
„Lerne die Situation, in der du dich befindest, insgesamt zu betrachten."

Das erste Zitat sagt uns, dass wir uns nicht nur auf eigenes Wissen und eigene Erfahrungen verlassen sollen. Das zweite Zitat führt aus, dass wir einen ganzheitlichen Blick auf die Ausgangssituation werfen sollen.

Beschaffung, Aktualisierung, Analyse, Transformation und Weitergabe von Informationen sind wichtige Aufgaben bei der Strategiearbeit, genauso wie beim strategischen Denken und Handeln im Alltag. Grundsätzlich gilt, dass der Aufwand, der betrieben wird, in einem angemessenen Verhältnis zu den nutzbaren Ressourcen, der verfügbaren Zeit und dem erzielbaren Nutzen stehen soll. Eine gute Methodik kann dabei helfen, nicht in einer Informationsflut zu ertrinken und sich auf die wesentlichen Informationen zu fokussieren (siehe Auflistung unten im Kapitel).
Für eine erfolgreiche Strateigiegestaltung sind folgende Informationen notwendig:

- zum Ziel/Zielrichtung und zu den Nicht-Zielen;

- zur Ausgangssituation und zu existierenden Randbedingungen;
- zu den unterschiedlichen Erwartungen;
- zum strategischen Rahmen (insbesondere bei agilen Ansätzen);
- zu den notwendigen und verfügbaren Ressourcen;
- zu möglichen Vorgehensweisen;
- zu anwendbaren Methoden;
- zur verfügbaren und benötigten Zeit;
- zu Entscheidungsterminen und zum Durchführungszeitpunkt.

Bei der Auswahl der Informationsquellen gilt es zu beachten:

- Ermöglichen mir die Quellen einen Blick aus allen relevanten Perspektiven?
- Wie aktuell sind die verfügbaren Informationen?
- Wie ist die Qualität der gelieferten Informationen?
- Kann das richtige Detailniveau zur Verfügung gestellt werden?
- Wie verlässlich/ vertrauenswürdig ist die Quelle (Loyalität, Interessenskonflikte)?
- Wie ist die Einstellung der Informationsquelle zum Vorhaben (positiv/ negativ)?

Bedenkenswert ist, dass derjenige keine guten Informationen bekommt, der nicht selbst Informationen gibt — zum einen, um der Informationsquelle den Kontext der Fragestellung besser klarzumachen und um eine zielgerichtetere Antwort zu erhalten, zum anderen, um die Grundlage für ein Vertrauensverhältnis zu schaffen.

Niccolò Machiavelli, italienischer Politiker und Philosoph, 15. Jh.:
„Wer will, dass ihm andere sagen, was sie wissen, der muss ihnen sagen, was er selbst weiß. Das beste Mittel, Informationen zu erhalten, ist, Informationen zu geben ..."

Als Informationsquellen kommen prinzipiell in Betracht:
- die eigene Organisation: Vorgesetzte, Kollegen und Mitarbeiter;
- andere Organisationen: Zulieferer, Verbände, Forschungseinrichtungen und Universitäten;
- Berater;
- Literatur;
- Internetrecherchen.

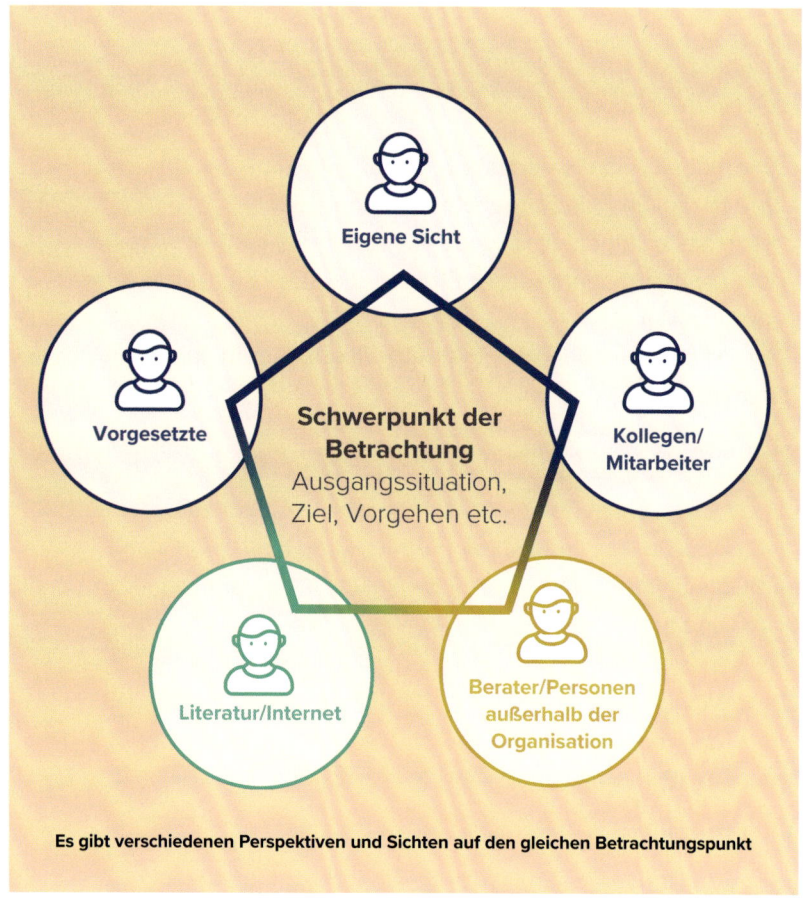

Abbildung 16: Prinzip der Mehrperspektivität
am Beispiel „Informationsbeschaffung zur Ausgangssituation"

Bei der Quellenauswahl ist die eigene Intuition von Vorteil. Vertrauenswürdigkeit und Wohlwollen sind nicht bei jeder Person, die helfen könnte, gegeben. Dies gilt natürlich nicht zwangsläufig und ist nicht mit Personen zu verwechseln, die gerne Kritik üben und eher die Probleme als die Vorteile sehen. Solche Kritiker können trotzdem wohlwollend sein und gerade ihre Sicht kann helfen, Fehler zu vermeiden.

Bill Gates, amerikanischer Unternehmer, 20. Jh.:
„Deine unzufriedensten Kunden sind deine größte Lernquelle."

Im Rahmen des Strategieprozesses dient die Informationsbeschaffung unterschiedlichen Zielen. Es geht zunächst darum, eine möglichst realistische Einschätzung der Ausgangssituation zu bekommen. Darunter ist nicht nur die eigene, sondern auch die relevante Situation des Umfeldes zu verstehen. Das können die verfügbare Technologie, Konzernvorgaben, Wettbewerbsinformationen u.a. sein. Im Sun-Tsu ist unter dem Umfeld der Feind zu verstehen — übertragen auf heute wäre das beispielsweise ein Wettbewerber.

Sun-Tsu, chinesischer Militärstratege, 5. Jh. v. Chr.:
„Kennst Du den Gegner und kennst Du Dich, so magst du hundert Schlachten schlagen, ohne dass eine Gefahr besteht; kennst Du Dich, aber nicht den Gegner, so sind Deine Aussichten auf Gewinn oder Verlust gleich; kennst Du weder Dich noch den Gegner, so wirst du in jeder Schlacht geschlagen werden."

In der Phase der Zieldefinition ist die Informationsbeschaffung meist ein stark iterativer Prozess, bei dem bedarfsweise zusätzliche Informationen beschafft und ausgewertet werden.
In der Konzeptions- und Planungsphase sind Informationen relevant, die dem Vorgehen und der Auswahl/Festlegung geeigneter Maßnahmen dienen. Dazu gehören Prämissen, die den Handlungsspielraum einschränken, indem sie Vorgaben bzgl. Zeit, Verantwortung oder Wege und Maßnahmen der Umsetzung fix vorgeben.

Prämissen sollten in einem separaten Prämissenset niedergeschrieben werden, um sie später bei der Maßnahmenplanung zu berücksichtigen.

Im Sinne der Erfolgsabsicherung müssen ebenso Informationen zur Risiko- und Chancenbewertung eingeholt werden. Referenzen und Erfahrungsberichte zu erfolgswichtigen Maßnahmen und Themen sind dabei hilfreich.

In der Umsetzungsphase sind laufend aktuelle Informationen über die Umsetzungsfortschritte und Schwierigkeiten notwendig, um Maßnahmen schnell zu ändern oder Zielanpassungen vornehmen zu können. Die Auswahl und Ausgestaltung der Informationskanäle ist eine wichtige organisatorische Aufgabe bei der Strategieentwicklung — sie entscheidet oft über den Erfolg. Fehlende, falsche oder nicht aktuelle Informationen können zu Fehlentscheidungen und letztendlich zum Misserfolg führen.

Im Strategieentwicklungsprozess werden Informationen beschafft und erzeugt. Die Beschaffung, Analyse und Erstellung guter Informationen ist eine Sache, der Umgang damit, eine andere. Sehr häufig ist eine fehlende/unpassende Transformation der Information Ursache für Probleme in der Initiierungs- und Umsetzungsphase. Kommunikation entsteht beim Empfänger. Nicht das Gesagte entscheidet über die Wirkung der Information, sondern das, was beim Empfänger tatsächlich ankommt. Das zielgruppenspezifische Aufbereiten der wirklich wichtigen Informationen erfordert viel Einfühlungsvermögen und Erfahrung. Strategien, bei denen viele Menschen auf unterschiedlichen Ebenen mit unterschiedlichen Voraussetzungen und Kenntnissen eingebunden sind, erfordern also besonders viel Aufmerksamkeit.

INFORMATIONEN

Die Schwierigkeit besteht darin, einerseits möglichst alle wichtigen Informationen allen zugänglich zu machen, damit sich möglichst alle intrinsisch motiviert einbringen können, andererseits aber nicht zu viele Informationen weiterzugeben. Zu viele Informationen führen oft zu Fehlinterpretationen und/oder Verwirrung. Darüber hinaus besteht die Gefahr, dass Informationen weitergegeben werden, die einer erfolgreichen Strategieumsetzung schaden. Umgekehrt kann eine umfangreiche und gute Informationsaufbereitung „im Sinne von Marketing" sehr erfolgsfördernd sein.

Niccolò Machiavelli, italienischer Politiker und Philosoph, 15. Jh.:
„Wo man weniger weiß, argwöhnt man am meisten."
„Zieh viele darüber zu Rate, was du tun sollst, aber teile nur wenigen mit, was du ausführen wirst."

Die beiden Aussagen von Machiavelli verdeutlichen das Problem, da sie scheinbar im Widerspruch zueinander stehen — in der Praxis ist ein Mittelweg anzustreben. Der Umgang mit Informationen zu Zielbeschreibungen, zu Plänen mit Maßnahmen, zu Beschreibungen von Risiken und Chancen, zu Notfallplänen und vielem mehr sollte daher immer bestens abgewogen, geplant und überlegt sein.

Eine zielgruppenspezifische, selektive Auswahl und Aufbereitung der Informationen ist ratsam. Die Kernaufgabe der Informationsbeschaffung ist es, aus der Vielzahl an Informationen diejenigen herauszufiltern, die für die Zielbestimmung und -erreichung ausschlaggebend sind. Gerade vor dem Hintergrund der schier unbegrenzten Möglichkeiten im Internet, Informationen mit scheinbarer Relevanz zu finden, kommt dieser Aufgabe große Bedeutung zu. Um mit dem Problem umzugehen, bietet sich das Prinzip der Hypothesenbildung an — es wird eine Hypothese bzgl. Chancen und Risiken aufgestellt, um ein bestimmtes Teilziel zu erreichen.

Die Hypothesenbildung erfolgt so, dass die Hypothesen ausformuliert und anschließend gezielt Informationen dazu gesucht werden, die sie untermauern oder abschwächen. So erfolgt jeweils eine Fokussierung der Informationsbeschaffung und Bewertung. Das Ergebnis ist ein Hypothesenset für die Zielerreichung, das im nächsten Schritt der weiteren Planungsdetaillierung dient.

Methodenbausteine, die sich für Informationsbeschaffung, Auswahl und Bewertung in der Praxis sehr gut bewährt haben, sind:

- die **SWOT-Analyse**, um gezielt nach Informationen zur Ausgangssituation zu suchen;
- die **GAP-Analyse**, um Schwachstellen und Lücken zu identifizieren;
- das **Prinzip der 5 Warum**, um Problemstellungen auf den Grund zu gehen und Problemursachen zu finden;
- das **Prinzip der Mehrperspektivität**, um einen Sachverhalt aus verschiedenen Blickwinkeln zu betrachten und zu verstehen;
- die **Stakeholderanalyse**, um Informationsquellen zu priorisieren und zu gewichten;
- die **Delphi-Methode**, um Expertenmeinungen einzuholen und zu konsolidieren;
- die **Beeinflussungsmatrix**, um große Informationsmengen auszudünnen und zu priorisieren;
- die **SADT-Methode**, um Funktionen oder Abläufe systematisch bzgl. Input, Output, Steuerung und Hilfsmittel zu analysieren.

INFORMATIONEN

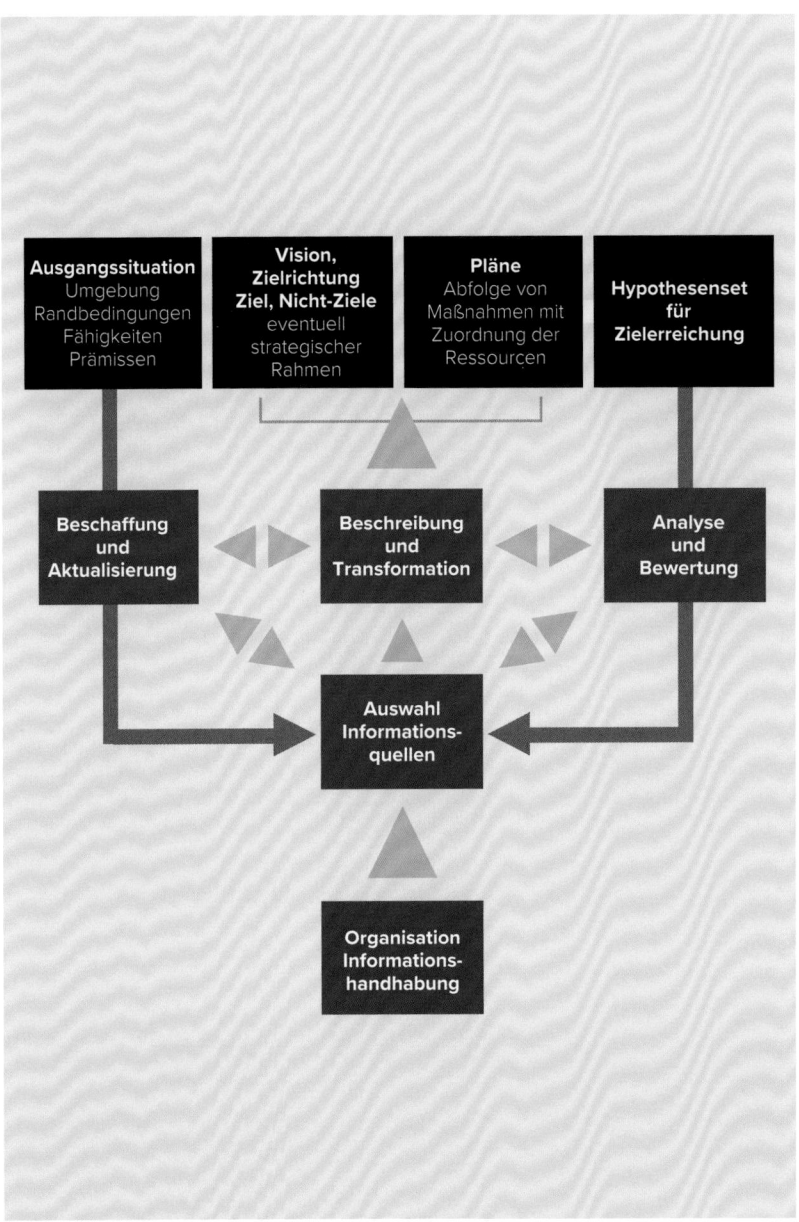

Abbildung 17: Zusammenfassung des meistens iterativen Prozesses der Informationsbeschaffung und -verwendung

3. VORGEHEN

VORGEHEN

Abbildung 18: Schlüsselelement „Vorgehen" im Strategie-Tableau

VORGEHEN

Das Vorgehen umfasst alle Planungen und Aktivitäten, die nach der Visionsbeschreibung/Zielfestlegung erforderlich sind, um die gewünschten Ergebnisse zu erreichen und abzusichern.

Die Überlegungen dazu erfolgen prinzipiell auf zwei Ebenen bzw. in zwei Schritten. In Schritt 1/Ebene 1 wird das Vorgehen für die Strategieentwicklung, in Schritt 2/Ebene 2 das Vorgehen für die Zielerreichung (Strategieumsetzung) betrachtet und festgelegt. In beiden Ebenen wird das Konzept zum Vorgehen bzgl. Ziele, verfügbarer Informationen, vorhandener Ressourcen und Zeit bestimmt.

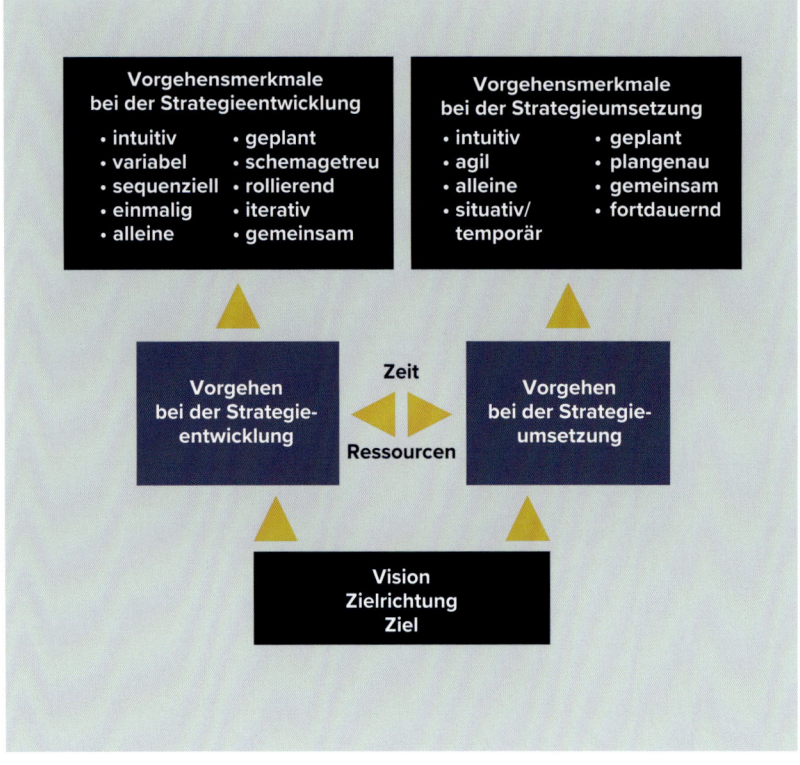

Abbildung 19: Zusammenhang: Strategieentwicklung — Strategieumsetzung

Es gibt verschiedene Ansätze für die Strategieentwicklung. Prinzipiell ist zu unterscheiden, ob sich die Strategieentwicklung als einmaliges und zeitlich befristetes Vorgehen versteht (siehe Beispiel in Abbildung 21) oder, ob die Strategie in einem zyklischen Prozess (siehe Beispiel in Abbildung 20) weiterentwickelt und angepasst werden soll. Für das zyklische Vorgehen empfiehlt sich, die Strategieentwicklung in der Organisation fest zu verankern und nicht nur als Projekt zu organisieren. Es können sogar Fragen, die in der täglichen Aufgabenbewältigung aufgeworfen werden, sukzessive in persönliche, abteilungs- oder firmenübergreifende Zielsetzungen und Planungen einfließen.

Ein detailliertes Patentrezept zur Strategieentwicklung gibt es nicht. Es lassen sich nahezu unzählige Varianten entwickeln, je nach Kontext, Zielstellung und Möglichkeiten (siehe Abbildung 19). Das Spektrum ist sehr groß. Es reicht von einer Strategie, die in wenigen Minuten aufgestellt wird, über Strategien, deren Entwicklung viele Monate dauert, bis hin zu Prozessen, die entworfen und etabliert werden, um fortwährend Strategien zu entwickeln, anzupassen und die Umsetzung zu kontrollieren.

Egal, welches Vorgehen zum Einsatz kommt, es werden immer alle Grundelemente aus dem Strategietableau vorkommen. In den meisten Fällen wird in Abhängigkeit der verfügbaren Zeit durch Iterationen das strategische Vorgehen konfiguriert. Dabei wird zwischen der Informationsbeschaffung, Ressourcenklärung, Entwurf zum Vorgehen, Auswahl geeigneter Methoden und Klärung aller zeitlichen Aspekte so lange hin- und her-iteriert, bis ein stimmiges Ganzes herauskommt. Es können verschiedene Varianten entwickelt werden und die geeignetste steht dann zur Auswahl (siehe Abbildung 22).

Unabhängig vom Umfang einer Strategie, ist es zwingend notwendig, von Anfang an alle Überlegungen schriftlich festzuhalten und eventuell grafisch darzustellen.

So sind alle Überlegungen stets abrufbar und auf Stimmigkeit überprüfbar. Darüber hinaus dient die schriftliche Ausarbeitung als Kommunikationsgrundlage, sich mit anderen abzustimmen.

Der Aufwand für die Entwicklung der Strategie sollte auf jeden Fall in einem angemessenen Verhältnis zum Aufwand der Zielerreichung stehen. Es ist schlecht, wenn für eine teure Strategieumsetzung nur wenig in die Strategieentwicklung und Absicherung der Umsetzbarkeit investiert wird. Das Gleiche gilt natürlich umgekehrt.
Unter den anwendbaren Methoden ist die 5%- zu 95%-Regel beschrieben. Wenn das „Frontloading" in der Konzept- und Planungsphase beachtet wird, kann es in erheblichem Umfang beitragen, Aufwände in der Umsetzungsphase zu reduzieren.

André Beaufre, französischer Strategietheoretiker, 20. Jh.:
„Die Vorbereitung ist wichtiger geworden als die Ausführung."

Überlegungen zum Vorgehen einer Zielerreichung werden in der 2. Ebene/im 2. Schritt betrachtet (siehe Abbildung 19). Sind Zielrichtung und Ziele geklärt, die wichtigsten Informationen organisiert und ausgewertet, geht es darum, ein effektives und effizientes, aber auch geschicktes Vorgehen zu finden. Wie bereits gesagt: **Eine gute Strategie ist die, die mit geringstmöglichem Einsatz von Ressourcen am schnellsten nachhaltig die gewünschten Ziele erreicht.**
Im Idealfall können Ziele mit sehr einfachen Mitteln erreicht werden. Das nachstehende Zitat ist hier zutreffend und lässt sich bei ruhiger Betrachtung in der Praxis oft realisieren.

Sun-Tsu, chinesischer Militärstratege, 5. Jh. v. Chr.:
„Der klügste Krieger ist der, der niemals kämpfen muss."

Je nach Ausgangssituation und insbesondere dann, wenn unfaire Gegner Wettbewerber im Spiel sind, hilft manchmal „drohen, tarnen oder täuschen" bei den Handlungsoptionen.

Es ist jedoch zu bedenken, dass unethisches Verhalten wie ein Bumerang zurückschlagen kann. Vorgehensweisen, die mit den eigenen Werten nicht im Einklang stehen, sollten generell nicht im Handlungsportfolio vorkommen. Trotzdem muss diese Handlungsart natürlich in Betracht gezogen werden.

Die Planung zum Erreichen der Ziele verläuft in der Regel iterativ — vom Groben zum Feinen:

- von unvollständigen zu vervollständigten Informationen und Plänen;
- von nicht verifizierten zu verifizierten Informationen;
- von unreifen zu reifen Annahmen, Anforderungen und Maßnahmen.

Die Anzahl der Iterationsschleifen und der damit verbundene Aufwand für die Verfeinerung und Verifizierung der Planung ist von der verfügbaren Zeit und von den verfügbaren Ressourcen abhängig.

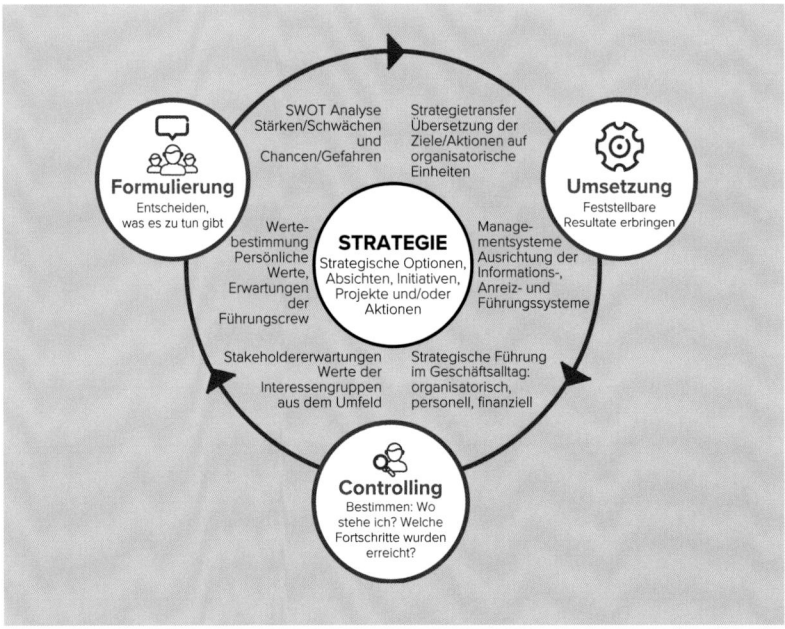

Abbildung 20: Strukturbeispiel für ein rollierendes Vorgehen der Strategieentwicklung nach dem Modell der Harvard University [10]

(5) Planungs- und Umsetzungsphase
- Ausplanung Teilziele mit Meilensteinen und Messgrößen
- Identifizierung geeigneter Maßnahmen mit Zuordnung zu den Teilzielen
- Festlegung des Umsetzungs- und Maßnahmenplans (z.B. mithilfe der Balanced Scorecard)

(4) Synthese-, Bewertung- und Entscheidungsphase
- Hypothesenformulierung
- Szenarienbildung mittels Bewertung nach Eintrittswahrscheinlichkeit/Umsetzungserfolg
- Identifikation der prinzipiellen Entwicklungsrichtung
- Festlegung des strategischen Rahmens und des Prämissensets
- Bestimmung konkreter Ziele mit Meilensteinen
- Abgleich Aufwände zur Zielerreichung mit Ressourcen- und Zeitverfügbarkeit

(3) Informations- und Analysephase
- Analyse der eigenen Ausgangssituation (360°-Review, Mehrperspektivitätsanalyse, SWOT etc.)
- Umfeldanalyse (nach Schalenmodell: direkte Umgebung, Wettbewerb, Markt, Technologien, Trend etc.)
- Potenzialanalyse und -bewertung (Markt-, Finanz-, Wissens- und Humanpotenzial etc.)
- Zusammenfassung aller Ergebnisse zu einem stimmigen und vereinfachten Gesamtbild

(2) Initialphase
- Bestimmung Strategieteam
- Grober Zeitplan mit Meilensteinen
- Ressourcen: Budget und externe Unterstützung

(1) Startphase
Auslöser: a) Auftrag oder b) Eigeninitiative
a) Klärung Auftrag: Rahmenbedingungen, Vorgaben und Erwartungen
b) Präzisierung von Vision und Zielen

Abbildung 21: Strukturbeispiel für ein zeitlich befristetes Vorgehen zur Entwicklung einer Strategie [24]

VORGEHEN

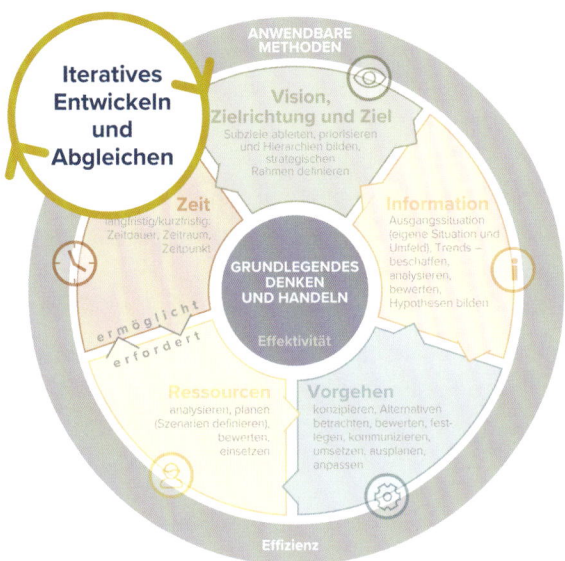

Abbildung 22: Prinzip des iterativen Entwickelns und Abgleichens einer Strategie

Beim Durchlaufen der Iterationsschleifen ist nicht nur auf die Vervollständigung zu achten, sondern insbesondere auf die Validierung der getroffenen Annahmen. Nicht/schwierig zu validierende Annahmen sollten vermerkt werden, und wenn sie für die Zielerreichung von entscheidender Bedeutung sind, müssen Handlungsszenarien entwickelt werden, falls die getroffene Annahme nicht eintrifft.

Das Validieren der getroffenen Annahmen und der ausgewählten Maßnahmen ist ein wichtiger Schritt zur Sicherstellung der Qualität im Planungsprozess. Die Validierung sollte nicht erst am Ende der Vorgehensplanung erfolgen, sondern im Sinne von **„Qualität erzeugen statt prüfen"** bereits in den einzelnen Schritten des Planungsprozesses verankert sein. Die Qualitätssicherung ist somit ebenfalls eine wichtige Aufgabe im Rahmen der Ausplanung einer Strategieumsetzung.

In der Literatur ist eine Vielzahl von Methoden zur Qualitätssicherung beschrieben. In der Praxis hat sich die Methode der Fehlerbaumanalyse sehr bewährt. Sie ist im Kapitel „Anwendbare Methoden" beschrieben.

Bill Gates, amerikanischer Manager, 20. Jh.:
„Erfolg ist ein miserabler Lehrer. Er verleitet die tüchtigen Leute zu glauben, sie könnten nicht verlieren."

Ein Umsetzungsplan sollte mit leicht zu realisierenden Maßnahmen beginnen. Die herbeigeführten *quick wins* erhöhen die Motivation und setzen neue Energien frei. Der Weg des geringsten Widerstands ist immer dann vorzuziehen, wenn es die Situation erlaubt und dadurch das Ziel erreicht werden kann.

Aus dem Zielbild können Teilziele abgeleitet oder hinzugefügt werden, um möglichen Strategiegegnern Vorteile zu gewähren. Dieses Vorgehen ist nur dann ratsam, wenn dadurch Widerstände vorausschauend minimiert werden können und die eigene Strategieumsetzung keinen Schaden nimmt.
Flexibles Vorgehen in der zeitlichen Reihenfolge und Auswahlmöglichkeiten bei den Maßnahmen sind von großem Wert für die Anpassungsfähigkeit einer Strategie, besonders wenn sich die Randbedingungen ändern. Gute Planungen sollten immer alternative Schritte bei Erfolg, Misserfolg oder Teilerfolg miteinbeziehen.

Beim Vorgehen selbst gibt es viele nutzbarer Methoden. Die meisten davon sind abhängig von dem konkreten Kontext der Strategie. Einige generische Methoden für effizientes Vorgehen, beispielsweise die GAP-Analyse, die RASIC-Methodik, die Wirkbereichsanalyse etc. werden im Kapitel „Anwendbare Methoden" im Detail erläutert. Darüber hinaus wird die Anwendung einiger Methoden auch im Kapitel „Beispiele" aufgezeigt.

VORGEHEN

Nachdem nicht immer alle strategiebetroffenen Organisationen, Gruppen oder Personen einer Umsetzung positiv gegenüberstehen, ist es naiv, anzunehmen, die Umsetzung könne ohne eine gute Taktik und eine dazu passende Kommunikation überhaupt oder zumindest effizient erreicht werden. Die Kommunikationsprinzipien und die Anregungen im Umgang mit Informationen sind diesbezüglich schon im Kapitel „Informationen" beschrieben.

Anregungen zur Taktik können wie folgt zusammengefasst werden: Aktionen sollten so angelegt werden, dass die Wahlmöglichkeit zwischen mehreren (Teil-)Zielen besteht und das Vorgehen geändert werden kann, wenn zu erwarten ist, dass genau jetzt eine Maßnahme erfolgt, die vorhersehbar ist. Dies ist erstrebenswert, wenn die zu erwartenden Reaktionen beim Strategiegegner Vorteile versprechen.

Niccolò Machiavelli, italienischer Politiker und Philosoph, 15. Jh.:
„Wer dauerhaften Erfolg haben will, muss sein Vorgehen ständig ändern."

Wenn es hilft, die Strategiegegner zu beruhigen oder in die falsche Richtung zu lenken, bietet sich das Unter- oder Übertreiben von ziel- und maßnahmenrelevanten Informationen und die Ablenkung auf „unwesentliche Punkte" an.

Friedrich der Große, preußischer König, 18. Jh.:
„Ein guter General muss auch ein guter Schauspieler sein."

Bill Gates, amerikanischer Unternehmer, 20. Jh.:
„Wenn du es nicht gut machen kannst, mache es wenigstens so, dass es gut aussieht."

Wenn bei der Umsetzung der Strategie mehrere Personen oder Gruppen betroffen sind, ist die Organisation der Zusammenarbeit während der Strategieumsetzung von herausragender Bedeutung.

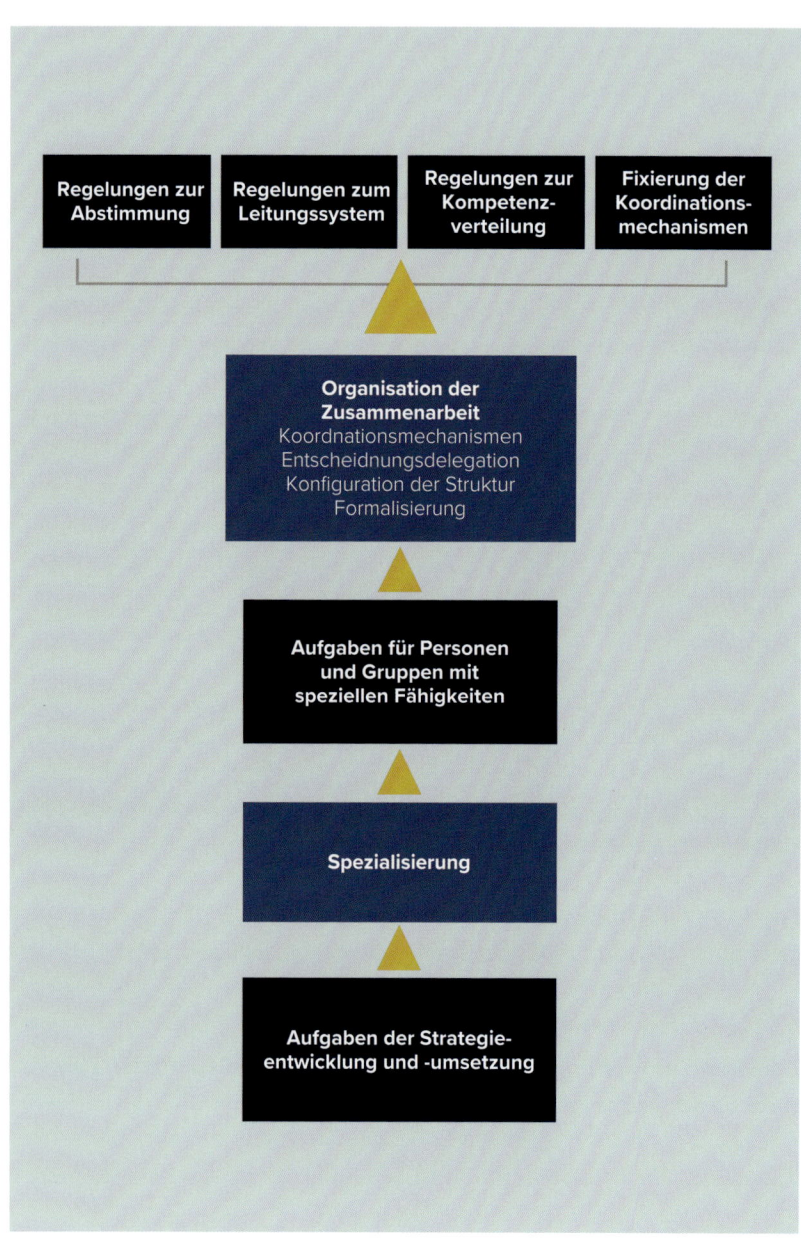

Abbildung 23: Organisation der Strategieentwicklung und -umsetzung

VORGEHEN

Nicht selten führen Defizite bei der Ausgestaltung der Organisation zum Scheitern der Strategieumsetzung.
Je umfangreicher die Ziele, Maßnahmen und die Anzahl der eingebundenen Personen, umso wichtiger ist die Organisation für eine gute Zusammenarbeit.
Das Ausgangsproblem jeder organisatorischen Strukturierung ist die Spezialisierung (Arbeitsteilung). Dies gilt genauso für die Organisation einer Strategieentwicklung und -umsetzung. Die für die Zielerreichung notwendigen Aufgaben werden aufgelistet und eventuell noch einmal in Teilaufgaben unterteilt und Personen/Personengruppen zugewiesen, die für die Lösung besonders geeignet sind. Für eine klare Zuordnung der Rollen und Aufgaben eignet sich die RASIC Methode, die im Kapitel „Anwendbare Methoden" beschrieben ist.

Die Aufteilung der Aufgabenumsetzung führt immer zu Koordinationsaufwand. Die einzelnen Aktivitäten müssen funktionierend auf das Gesamtziel ausgerichtet werden. Dies erfordert Koordination — sie erfolgt durch den Einsatz von Koordinationsmechanismen, Konfiguration der Leitungsstruktur, Festlegung der Regelung zur Entscheidungsdelegation sowie der schriftlichen Fixierung dieser Koordinationsregelungen.

Je nach Ausprägung der Strategie, klassisch mit transaktionalem Führungsstil oder agil mit transformationalem Führungsstil, sind die Koordinationsmechanismen zu gestalten — wie in Kapitel „Betrachtung der Zusammenhänge" ausgeführt. Bei einem agilen Strategieansatz ist ein hoher Delegationsgrad (siehe Abbildung 24) vorteilhaft, da schnelle Entscheidungsstrukturen benötigt werden, die sich situativ anpassen.

Methodenbausteine, die sich in der Praxis für das Vorgehen in der Strategieumsetzungsphase bewährt haben:

- die **5%- zu 95%-Regel**, um den Fokus auf die Konzeptphase zu legen. 5% des Aufwands entscheiden oft über 95% Aufwand in der Planungs- und Umsetzungsphase — eine gute Planung zahlt sich aus!

- der **Morphologischer Kasten**, um den definierten Zielen und Teilzielen mögliche Lösungsansätze in der Umsetzungsphase zuzuordnen;
- die **Beeinflussungsmatrix**, um Klarheit zu schaffen, welche Maßnahme eine andere beeinflusst (Damit lassen sich geplante Maßnahmen in eine zeitliche Reihenfolge bringen und priorisieren.);
- die **RASIC-Methode**, um die Planung der Aufgabenzuordnung in einem Umsetzungsteam zu regeln und Transparenz zu den Rollen und Aufgaben zu schaffen;
- **Methoden des Komplexitätsmanagement**, um in unübersichtlichen Ausgangssituationen und komplexen Zielszenarien oder Maßnahmen den Überblick zu bekommen und Lösungen zu finden;
- die **Wirkbereichsanalyse**, um problembezogene Lösungsansätze gezielt zuordnen zu können;
- das **Pareto-Prinzip**, um die wichtigsten Maßnahmen für den Erfolg zu identifizieren und sich darauf zu fokussieren;
- die **Fehlerbaumanalyse**, um die Auswirkungen von Problemen/Fehlern, die in Teilbereichen auftreten können, auf das ganze Vorhaben bezogen, besser einschätzen zu können und zu überprüfen, welches Teilsystem/Teilvorhaben Einfluss auf ein bestimmtes Ereignis hat.

Niedriger Delegationsgrad (Zentralisation)	DELEGATIONSGRAD		Hoher Delegationsgrad (Dezentralisation)
Vollständige Entscheidungszentralisation	Geringfügige Mitgestaltung durch Mitsprachekompetenz	Entscheidungsdezentralisation durch Kompetenz zur Entscheidungsvorbereitung	Vollständige Entscheidungsdezentralisation

Abbildung 24: Festlegung der Delegationsregelungen einer Strategieumsetzung

VORGEHEN

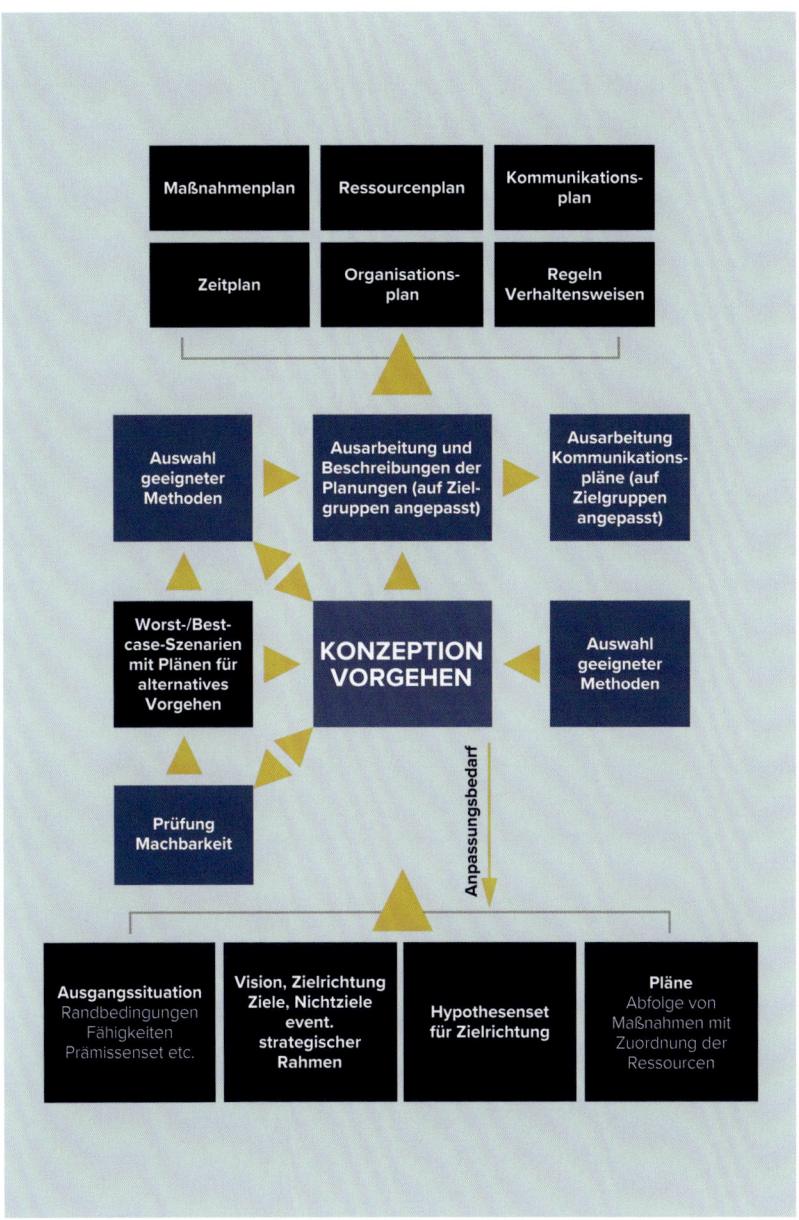

Abbildung 25: Zusammenfassung der Schritte der Ausplanung zum Vorgehen bei der Strategieumsetzung

4. RESSOURCEN

RESSOURCEN

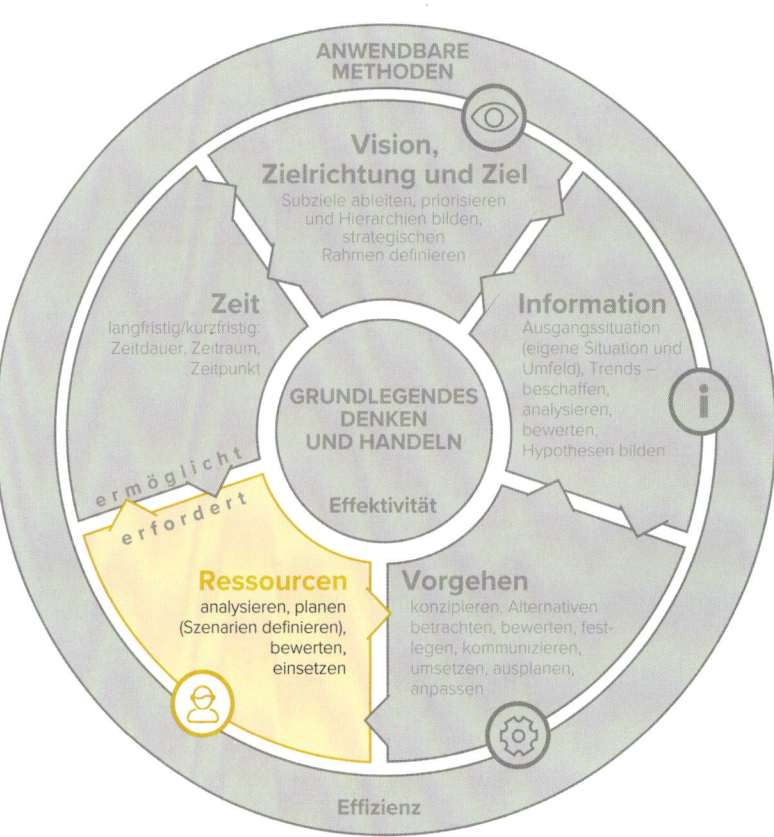

Abbildung 26: Schlüsselelement „Ressourcen" im Strategie-Tableau

RESSOURCEN

Eine Ressource kann ein materielles oder immaterielles Gut sein. Meist werden darunter Betriebsmittel, Geldmittel, Boden, Rohstoffe, Energie und Personen verstanden. Immaterielle Ressourcen können Fähigkeiten, Charaktereigenschaften, geistige Haltungen, Bildung, Gesundheit und Prestige sein [25].

Die Verfügbarkeit und der freie Zugriff auf Ressourcen bestimmen in hohem Maße die Möglichkeit, Ziele zu erreichen bzw. die Entwicklung in eine bestimmte Zielrichtung erfolgreich voranzutreiben.

Bei der Informationsbeschaffung ist es unerlässlich, die verfügbaren Ressourcen realistisch zu erfassen und zu bewerten. Genauso wichtig ist es beim Ausplanen des Vorgehens, die für die Strategieentwicklung und -umsetzung notwendigen Ressourcen richtig abzuschätzen und die Bereitstellung zu planen.

Besonders in der frühen Phase der Strategieentwicklung ist eine realistische Einschätzung der eigenen Fähigkeiten und der Voraussetzungen für die Zielerreichung von entscheidender Bedeutung, da Planung und Vorgehen auf diesen Annahmen basieren.

Liddell Hart, englischer Militärhistoriker, 20. Jh.:
„Am Anfang jeder strategischen Weisheit steht das Gefühl für das Mögliche."

Die für den Strategieerfolg entscheidenden Ressourcen können vielfältig sein: das richtige Know-how, Können, Finanzmittel bis hin zur richtigen Quantität von Arbeitskräften und geeigneter Infrastruktur. Das Spektrum ist groß und kontextabhängig.

Von entscheidender Bedeutung ist jedoch, ein realistisches Bild der verfügbaren und notwendigen Kompetenzen im Kopf zu haben.

Kompetenz bedeutet Sachverstand bzw. Fähigkeiten [26] und kann als das Produkt von Wissen und Können angesehen werden. Die Kompetenz für eine perfekte Planung, eine sehr gute Ausführung und, wenn mehrere Personen beteiligt sind, einer vorbildlichen Führung, sind in hohem Maße erfolgsrelevant.

Die einzuschätzende Kompetenz bezieht sich auf die eigene Person, auf andere Personen und/oder auf ganze Gruppen. Idealerweise existiert ein klares Bild von den eigenen Stärken, genauso wie von den Stärken der Mitverantwortlichen. Menschen sind besonders motiviert und zu Höchstleistungen fähig, wenn sie ihre eigenen Stärken entfalten können. Bei der Einschätzung der eigenen Stärken ist Ehrlichkeit gefordert und dort, wo Schwächen existieren, sollten sie durch kompetente Zuarbeit kompensiert werden. Eigene Stärken lassen sich durch die Rückmeldung von Dritten, die einen gut kennen, ziemlich treffsicher bestimmen. Ein umfassendes Bild zu den eigenen Stärken kann durchaus über einen Test erstellt werden z.B. vom Gallup Institut [27].

Wenn es gelingt, die Stärken jeder einzelnen Person richtig einzuschätzen und passend zu kombinieren, entsteht ein wirklich starkes Team. Sind die Stärken von jedem Teammitglied bekannt und anerkannt, können überdurchschnittliche Leistungen vollbracht werden. Gegenseitige Achtung und Anerkennung der Stärken sind wichtige Voraussetzung einer selbstmotivierenden Arbeitskultur.

Rainer Lersch, Universität Marburg, 20. Jh.:
„Wissen ohne Handeln ist nutzlos – Handeln ohne Wissen (meist) erfolglos."

Neben Wissen, Können und der richtigen Arbeitskultur sind die verfügbaren Kapazitäten für ein erfolgreiches Handeln wichtig. Ist man selbst die einzige Kapazität oder können andere Personen oder Organisationen bei der Strategieentwicklung und -umsetzung eingebunden werden?

Wie sicher ist die Verfügbarkeit dieser Ressourcen? Wie gut ist die Führbarkeit und Motivierbarkeit der Personen? Wie sicher ist die Loyalität bei der Umsetzung?

Praxiserfahrungen zeigen, dass bei der Verfügbarkeit notwendiger Kapazitäten fast immer mit Abweichungen gegenüber dem selbst eingeschätzten Bedarf und den versprochenen Umfängen zu rechnen ist. Bei der Ressourcenplanung sollte unbedingt der best case/worst case betrachtet und beim Vorgehen berücksichtigt werden.

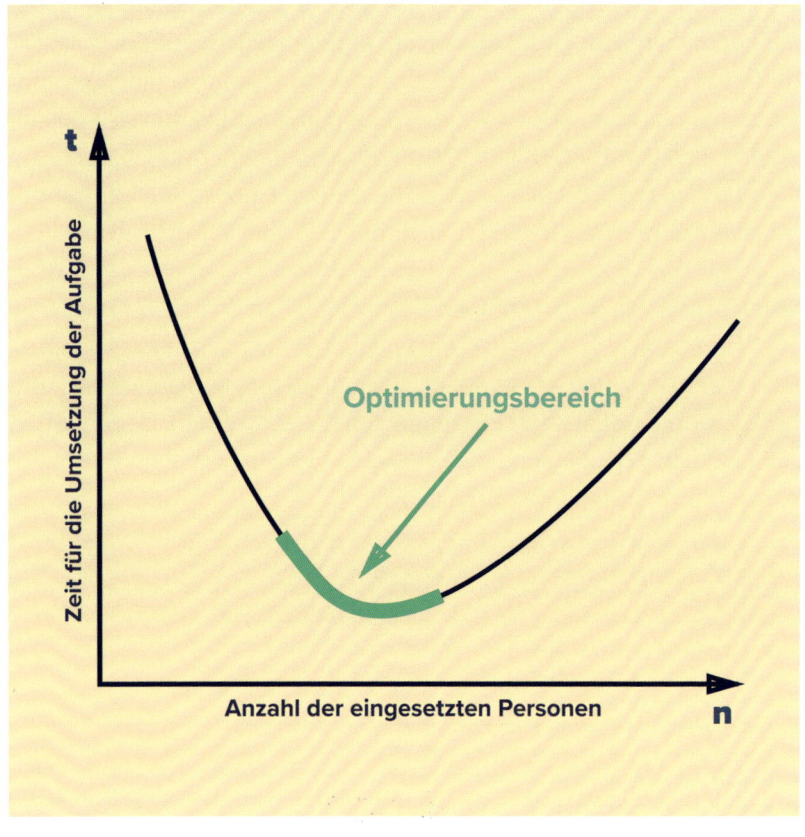

Abbildung 27: Zusammenhang Arbeitskräfte und Umsetzungszeit

Für die Abschätzung der notwendigen Ressourcen ist es empfehlenswert, den Zusammenhang zwischen der Anzahl der für die Aufgabenbewältigung eingesetzten Personen und der für die Umsetzung benötigten Zeit zu betrachten.

Nicht immer lässt sich eine Aufgabe mit mehr Ressourcen schneller lösen. In den meisten Fällen gibt es einen Punkt, ab dem sogar mehr Mitarbeiter/Ressourcen zu einer längeren Umsetzungszeit führen, da eine zunehmende Selbstbehinderung einsetzt. Es gibt also einen optimalen Bereich der Kapazitätsausstattung (siehe Abbildung 27).

Die Identifizierung der eigenen Stärken hinsichtlich Kompetenz, Motivation und Kapazität muss bei der Vorgehensplanung berücksichtigt werden. Aktivitäten, die mit Stärke vorangetrieben werden, sind oft von großem und schnellem Erfolg. Im Sinne der quick wins und der daraus resultierenden Motivation ist dies nicht zu unterschätzen.

Niccolò Machiavelli, italienischer Politiker und Philosoph, 15. Jh.:
„Wenn du stark bist, dann beginne, wo du stark bist. Wenn nicht, beginne dort, wo du eine Niederlage am leichtesten verschmerzen kannst."

In der Praxis wird häufig versucht, fehlende Ressourcen zu schnell mit eigenen Mitteln zu kompensieren, d.h. die Aufgabe selbst zu bewerkstelligen. Dies führt zu Ineffizienz und es besteht die Gefahr, andere wichtige Aufgaben zu vernachlässigen. Die erste Frage, die sich daher bei der Zuordnung von Maßnahmen und Ressourcen stellt, ist: Was ist die beste Ressource? Die zweite Frage: Ist sie verfügbar, finanzierbar, und wie wichtig ist sie für den Erfolg?

Erfolgskritische Aufgaben sollten immer mit maximaler Stärke und den bestmöglichen Ressourcen für die Umsetzung angegangen werden. Auf keinen Fall sind unwichtige Aufgaben, für die eventuell nicht einmal die notwendige Kompetenz vorhanden ist, selbst zu erledigen.

Die Priorisierung der Aufgaben nach dem Eisenhower-Prinzip hilft bei der Aufgabenklassifizierung (siehe Kapitel „Anwendbare Methoden"). Methodenbausteine, die sich im Zusammenhang mit Fragen zur Ressourcengewinnung, Einschätzung und Zuordnung bewährt haben, sind:

- die **5%- zu 95%-Regel**, um den richtigen Fokus auf die Ressourcenverteilung in der Planungsphase zu legen (In der Planungsphase eingesetzte Ressourcen können Ressourcen in der Umsetzung schonen.);
- die **GAP-Analyse**, um Lücken bei verfügbaren Ressourcen zu identifizieren und Maßnahmen zur Ressourcenbeschaffung zuzuordnen;
- die **Beeinflussungsmatrix**, um den Ressourceneinsatz zu optimieren und zu priorisieren.

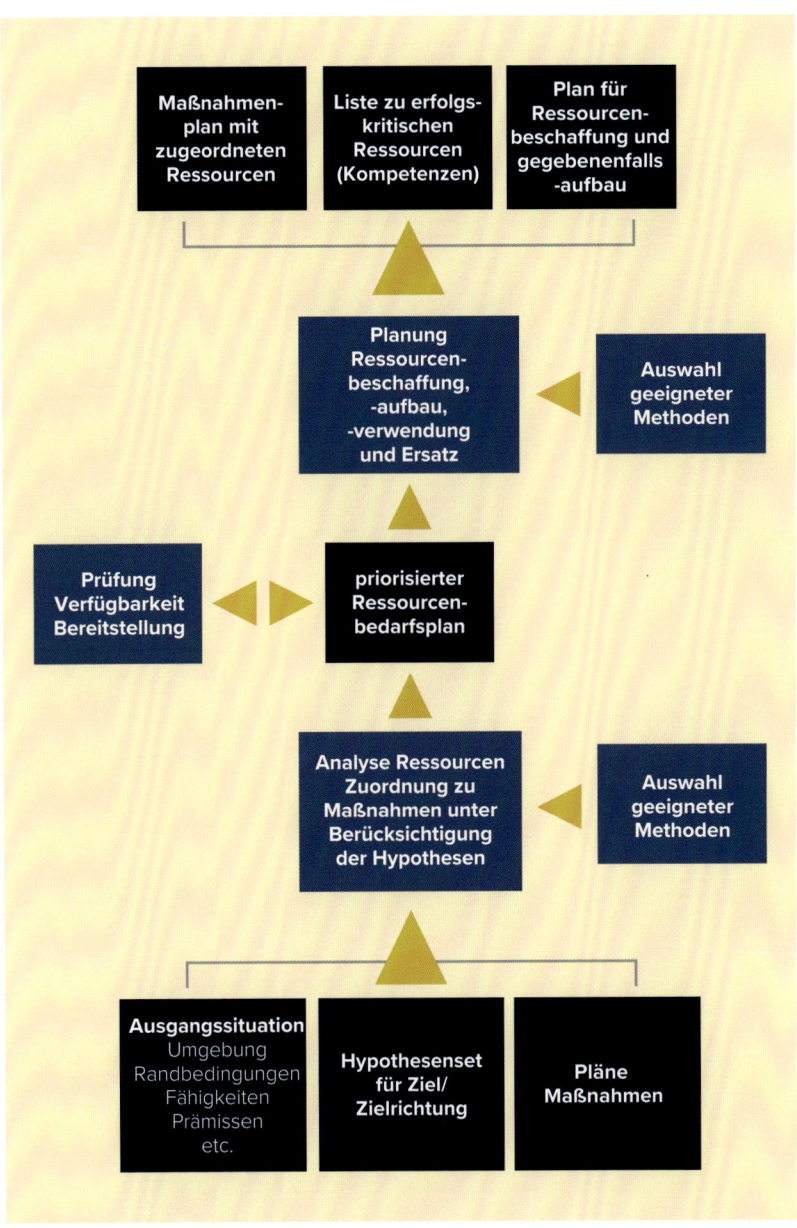

Abbildung 28: Zusammenfassung des Vorgehens bei der Ressourcenplanung

5. ZEIT

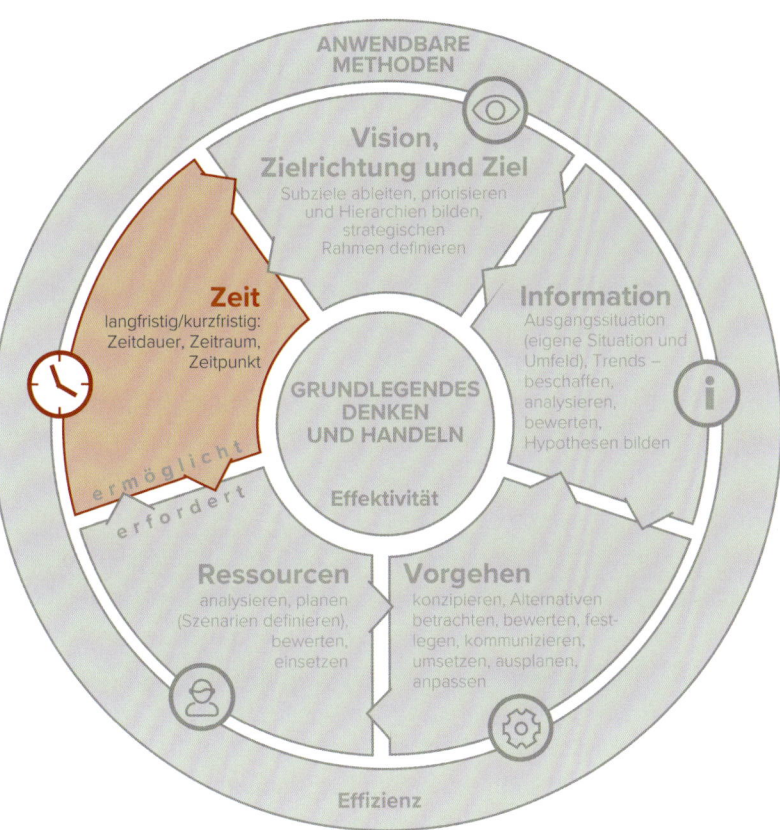

Abbildung 29: Schlüsselelement „Zeit" im Strategie-Tableau

ZEIT

Der Faktor Zeit ist heute mehr denn je von Bedeutung. Das Zitat von E. v. Kuenheim, **„Nicht die Großen fressen die Kleinen, sondern die Schnellen überholen die Langsamen"** [22], ist absolut zutreffend. Das Internet vereinfacht die Ad-hoc-Verfügbarkeit aktueller Informationen und den schnellen Informationsaustausch. Globale Angebote von Produkten, Dienstleistungen und Know-how verschärfen den Wettbewerb bezogen auf Preis, Funktionalität und Qualität. All dies führt zu einer wachsenden Dynamik in Wirtschaft, Wissenschaft und Dienstleistungen.

Die Zunahme der gesetzlichen Regelungen und die wachsende Vielfalt kundenspezifischer Anforderungen erhöhen gleichzeitig die Komplexität der eingesetzten Technologien und Abläufe.

Je langsamer Entscheidungen getroffen werden oder je länger Umsetzungen dauern, desto eher verlieren Anforderungen und Annahmen aufgrund der Dynamik ihre Gültigkeit. In Abbildung 30 wird dieser Zusammenhang grafisch dargestellt.
Folglich ist der richtige Umgang mit der Zeit für die Strategiearbeit von herausragender Bedeutung und der Faktor Zeit wird somit als eigenständiges Grundelement der Strategie definiert. Streng genommen könnte die Zeit auch als Ressource verstanden werden.

Die Zeit kann eine Größe sein, die für eine Strategie als „Zeitraum" vorgegeben ist — sie kann aus einem Vorgehen selbst im Sinne von „Zeitdauer" resultieren oder sie kann einen Termin als „Zeitpunkt" bestimmen.
Die unterschiedlichen Bedeutungen von Zeit sind nachfolgend aufgeführt: Zeitdauer (für eine Maßnahme), Zeitraum (der zur Verfügung steht) und Zeitpunkt (für eine Entscheidung).

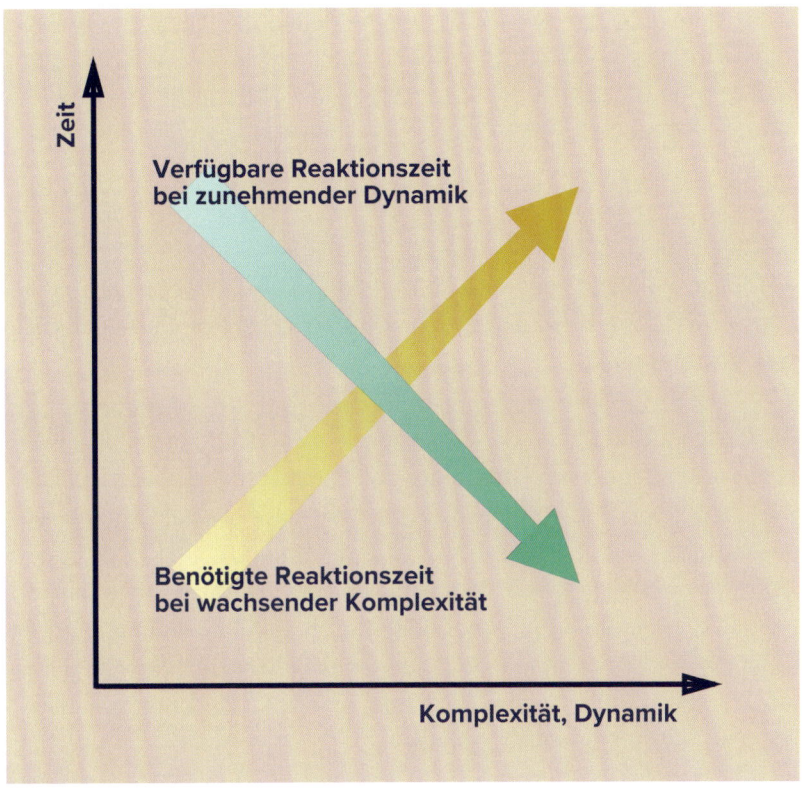

Abbildung 30: Zusammenhang Komplexität, Dynamik und Reaktionszeit

Niccolò Machiavelli, italienischer Politiker und Philosoph, 15. Jh.:
„Man muss seine Maßnahmen der Zeit und den Umständen anpassen."

Eine der wichtigsten Überlegungen zu Beginn einer Strategieentwicklung ist die Frage: Wie viel Zeit steht zur Verfügung und wie viel Zeit benötigen wir für die Zielerreichung? Die erste Einschätzung entscheidet darüber, ob das Ziel prinzipiell erreichbar ist. Die zweite Einschätzung sollte der Feststellung dienen, ob das Ziel persönlich erreichbar ist.

Diese Unterscheidung ist wichtig, da die daraus resultierende Schlussfolgerungen und eine entsprechende Kommunikation unterschiedlich sein können. Für die Einschätzungen sollte zwischen der Strategie an sich und ihrer operativen Umsetzung unterschieden werden. Wird eine ungünstige Strategie gewählt, können durch geeignete Zeitmanagementmaßnahmen auf der operativen Ebene zwar die Dinge beschleunigt, aber die notwendigen Zeitvorgaben trotzdem verfehlt werden. Umgekehrt kann eine zeitlich vorteilhafte Strategie durch die Vernachlässigung des Zeitmanagements auf operativer Ebene ebenfalls fehlschlagen.

Die Einschätzung der zeitlichen Zielerreichbarkeit erfolgt mittels einer detaillierten Betrachtung der folgenden Parameter: Ausgangssituation, Zielsetzung, verfügbare Zeit sowie die Möglichkeiten der verfügbaren Ressourcen.
Durch ein grobes iteratives Durchspielen verschiedener Strategieszenarien vor dem Hintergrund der oben beschriebenen Parameter ergibt sich eine erste Antwort auf die Frage, ob die jeweilige Strategie zeitlich umsetzbar ist. Ein optimales Zeitmanagement auf der operativen Ebene ist im zweiten Schritt anzustreben.

Bei der Gestaltung der Strategieausprägung und bei der Planung der geeigneten Maßnahmen ist die Zeit Eingangs- und Ausgangsgröße. Wie viel Zeit ist nötig, um die optimale Wirkung der Maßnahme im Rahmen der jeweiligen Strategieausprägung zu erzielen und wie viel Zeit wird für die Umsetzung einer entsprechenden Maßnahme benötigt?

Durch Veränderung des Vorgehens, der Maßnahmen und/oder Ressourcen werden die Größen so justiert, bis sie deckungsgleich sind. Wenn das nicht möglich ist, muss eine Anpassung des Ziels oder Teilziels erfolgen. Wie in Abbildung 31 dargestellt, führt eine Überbestimmung an Vorgaben dazu, dass ein Ziel nicht oder nicht in der gewünschten Zeit erreichbar ist.

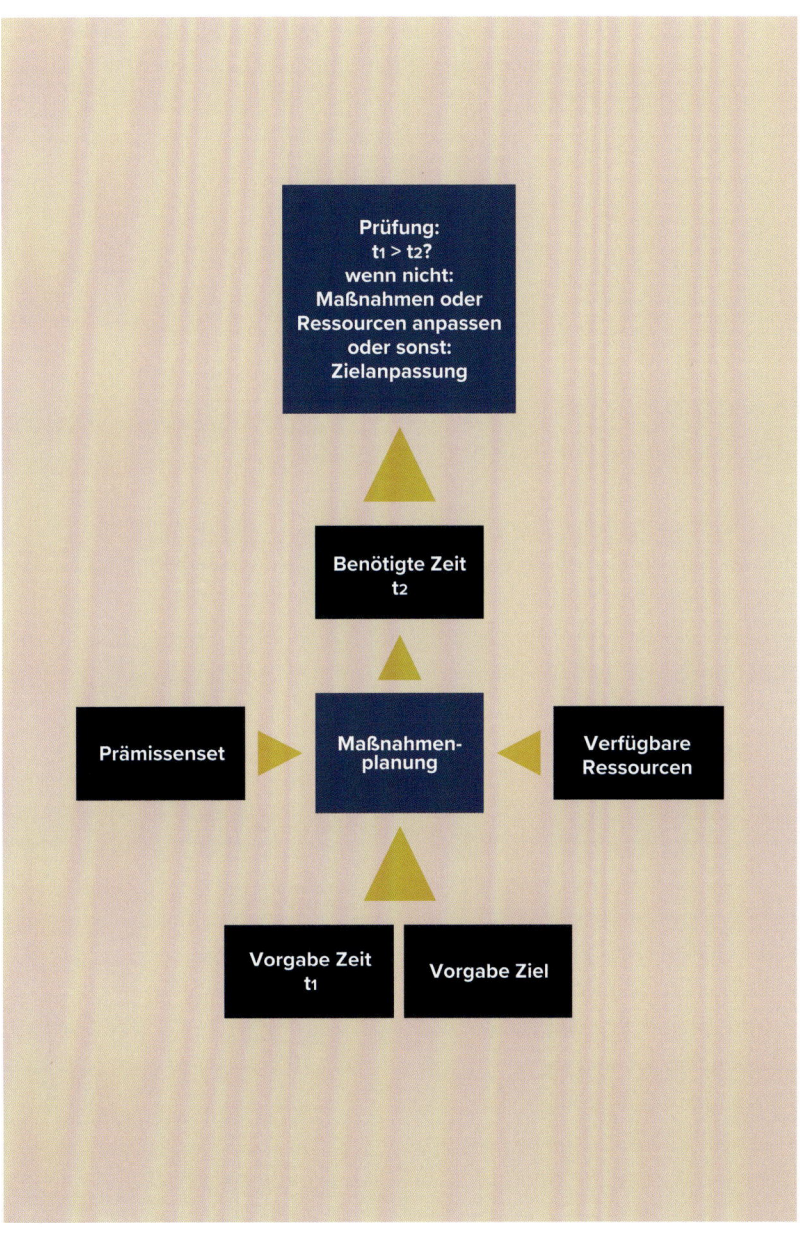

Abbildung 31: Überbestimmung der Vorgaben machen eine Zielanpassung notwendig

Im Planungsprozess ist darauf zu achten, dass Vorgaben aufeinander abgestimmt sind, und dass es Freiräume beim Ausplanen gibt. Dies gilt für einen selbst, aber besonders für Vorgaben, die von Dritten ausgeführt werden sollen.

Die Vorgabe von Terminen zur Zielerreichung ist extrem wichtig. Zum einen kann sie tatsächlich erfolgskritisch sein, zum anderen ermöglichen Zeitvorgaben für Zwischenziele Erfolgskontrollen. Zeitvorgaben können anspornen und helfen, die Fertigstellung von Teilergebnissen zu synchronisieren, damit ein gelungenes Ganzes entsteht.

Hyland Erickson, amerikanischer Psychiater, 20. Jh.:
„Ein Ziel ohne einen Termin ist nur ein Traum."

Für die Strategieumsetzung ist ein stringentes Zeitmanagement notwendig. Beim Zeitmanagement geht es darum, Aufgaben so zu strukturieren und zu priorisieren, dass die wirklich wichtigen Dinge zuerst erledigt und die weniger wichtigen verschoben/delegiert werden. Darüber hinaus ist Selbstdisziplin gefragt, sich nicht ablenken zu lassen und gegebenenfalls unangenehme, aber dringliche Aufgaben selbst zu übernehmen.

Allgemein übliche Maßnahmen und Techniken im Bereich des Zeitmanagements sind:

- Fokussieren und Aufgaben reduzieren;
- Prioritäten im Sinne von wichtig und dringend setzen;
- Aufgaben möglichst delegieren;
- Termin- und Tagespläne erstellen;
- Zeitpuffer einplanen;
- Zeitnutzung festhalten;
- Tätigkeitsstatus dokumentieren;
- Fehler, Ablenkung oder auch Perfektionismus vermeiden.

Beim Einplanen von Zeitpuffern ist stets Vorsicht geboten.

Bei einem Erwartungsmanagements, das im Kapitel „Strategisches Denken und Handeln" behandelt wird, sind Zeitpuffer durchaus sinnvoll, die Kommunikation sollte jedoch mit Bedacht erfolgen. Taktisch vorteilhaft kann es sein, Zeitpuffer für sich zu behalten oder nur in einem begrenzten Kreis zu kommunizieren.

Neben den klassischen Regeln des Zeitmanagements gilt es, den richtigen Zeitpunkt zu finden, um Aktionen zu starten/zu beenden. Der richtige Zeitpunkt entscheidet oft über Erfolg oder Misserfolg. Er kann helfen, den Aufwand für ein Vorhaben zu reduzieren oder Widerstände zu vermeiden.

Afrikanisches Sprichwort:
„Das Gras wächst nicht schneller, wenn man daran zieht."

Um den optimalen Zeitpunkt zu finden, sollten sowohl die Randbedingungen bzgl. Relevanz als auch die geplanten Maßnahmen hinsichtlich zeitlicher Reihenfolge und eingeschätzter Wirkung bewertet werden.

Arthur Schnitzler, österreichischer Arzt und Schriftsteller, 19. Jh.:
„Bereit sein ist viel, warten können ist mehr, doch den rechten Augenblick nützen ist alles."

Das Bewusstsein über die Bedeutung der Zeit, Erfolg und Misserfolg eines Vorhabens betreffend, ist fest in der Arbeitskultur zu verankern. Vor allem das „Vorleben" der oben beschrieben Prinzipien des Zeitmanagements mit Pünktlichkeit und Verlässlichkeit im Kleinen wie im Großen ist ein Muss für eine erfolgreiche Strategieumsetzung.

Das Sprichwort *„carpe diem"* (nutze den Tag) des römischen Dichters Horaz (1. Jh. v. Chr.) ist allgemein bekannt. Es verdeutlich im Kontext der Strategie, dass die verfügbare Zeit begrenzt und dass sie zu kostbar zum Verschwenden ist.

Benjamin Franklin, amerikanischer Staatsmann und Wissenschaftler, 18. Jh.:
„Remember that time is money!"

Benjamin Franklin beschreibt den Wert der Zeit ganz direkt. Für eine Strategie kann die verfügbare Zeit und die benötigte Zeit ein Schlüsselfaktor zum Erfolg sein. Der Umgang mit der Zeit ist folglich von Anfang an ein wichtiges Thema.

Methodenbausteine, die bezügl. Zeitmanagement praxisrelevant sind:
- die Prinzipien des klassischen **Zeitmanagements**, um Abläufe und Qualität zu verbessern, Ressourcenverschwendung zu vermeiden und die Zielerreichung zu beschleunigen;
- das **Pareto-Prinzip**, um schneller an Ziele zu kommen (Abstriche bei der Qualität müssen gegebenenfalls in Kauf genommen werden);
- das **Eisenhower-Prinzip**, um Aufgaben zu priorisieren und die vorhandene Zeit optimal zu nutzen (Mit dieser Methode werden Aufgaben den Kategorien wichtig/unwichtig sowie dringend/nicht dringend zugeordnet.);
- die **Alpen-Methode**, um konkrete Maßnahmen für ein Zeitmanagement in der Strategieumsetzung festzulegen;
- das **Komplexitätsmanagement**, um die Umsetzungszeiten deutlich zu verkürzen und komplexe Situationen zu beherrschen;
- das Prinzip der **Parallelisierung**, um die Umsetzungszeiten durch eine gute Koordination deutlich zu verkürzen.

# 6. Strategisches Denken und Handeln

STRATEGISCHES DENKEN UND HANDELN

Abbildung 32: Schlüsselelement „Grundlegendes Denken und Handeln"

STRATEGISCHES DENKEN UND HANDELN

Strategisches Denken und Handeln ist nicht nur für die Entwicklung und die Umsetzung einer Strategie relevant. Es ist der Ausdruck dafür, generell fähig zu sein, schon vor Beginn einer Handlung das Ende mit den möglichen Konsequenzen vor Augen zu haben.
Egal in welcher Handlungssituation — am Anfang sollte immer das Ende bedacht werden!

Lateinische Weisheit aus „Gesta Romanorum", einer anonymen Sammlung antiker Geschichten, Europa 13./14. Jh.:
„Was immer du tust, handle klug und bedenke das Ende."

Es geht also nicht nur darum, Ziele zu erreichen, sondern darum, mit dem Erreichen eines Ziels eine bessere Situation zu schaffen. Dies gilt im privaten wie im geschäftlichen Bereich. Die Bewertung, was eine bessere Situation ist, setzt voraus, dass es ein Bewusstsein für übergeordnete (Lebens-)Ziele, Werte und Grundsätze gibt.

Darüber hinaus bietet gutes strategisches Denken und Handeln die Möglichkeit, ein Maximum an Wirkung mit einem Minimum an Aufwand bei einem Vorgehen zu erreichen, Widerstände und Risiken zu vermeiden und vorhandene Energien positiv zu nutzen. Diese Zielsetzung erfordert ein ganzheitliches Denken in Wirkzusammenhängen. Überlegungen zur Zielfindung und Zielbewertung gehören genauso dazu, wie Fragen zur Maßnahmenfindung, Umsetzung, Unterstützung, Führung, Kommunikation und Selbstreflexion.

Denkabläufe zur Strategiefindung sollten stets nach einem durchdachten Schema ablaufen, das hilft, obige Grundsätze zu berücksichtigen.

David Tatuljan, deutscher Unternehmensberater, 21. Jh.:
„Ein Stratege folgt nicht seinem Gefühl sondern seinem Verstand."

STRATEGISCHES DENKEN UND HANDELN

Wut, Hass und andere Emotionen sind schlechte Ratgeber bei der Strategieentwicklung und -umsetzung.
Wenn Emotionen im Spiel sind, werden erfolgskritische Größen oft zu optimistisch oder Widerstände zu gering eingeschätzt. Um nicht in eine Falle zu laufen, ist es ratsam, mit Unbeteiligten über die eigenen Pläne zu sprechen und/oder vor wichtigen Entscheidungen noch einmal „darüber zu schlafen".
Das Prinzip der Exzentrizität (d.h. man versucht sein eigenes Handeln/ geplantes Handeln von „außen" zu betrachten) hilft dabei, mehr Objektivität für anstehende Entscheidungen zu gewinnen [23].
Die nachfolgende Auflistung zu Denkanstößen ist nicht vollständig und keine Checkliste, sondern es sind Anregungen für persönliche und alltagstaugliche Denkmuster.

Denkanstöße und Fragen zur Strategieentwicklung und -umsetzung:

ZIELFINDUNG

- Dient das Ziel meinen übergeordneten Zielen?
- Wie wichtig ist es dafür?
- Was passiert, wenn ich es erreicht habe — was, wenn nicht?
- Welche anderen Optionen gibt es?

Elon Musk, amerikanisch-kanadischer sowie südafrikanischer Unternehmer, 21. Jh.:
„Ich interessiere mich für Dinge, die die Welt zum Guten verändern oder die Zukunft beeinflussen."

Joseph Joubert, französischer Moralist und Essayist, 18. Jh.:
„Ziel eines Konfliktes oder einer Auseinandersetzung soll nicht der Sieg, sondern der Fortschritt sein."

Jürgen Höller, deutscher Kommunikationsmanager, 21. Jh.:
„Wer selbst kein Ziel hat, arbeitet automatisch für die Ziele anderer."

Emotionen sollten nicht der Antrieb einer Strategie sein, trotzdem spielt die eigene Willenskraft und Motivation für die Zielerreichung natürlich eine sehr wichtige Rolle. So sind bei selbstdefinierten Zielen unbedingt nachstehende Fragen zu stellen:

- Wie groß ist mein Wille, dieses Ziel zu erreichen?
- Was bedeutet es mir?
- Was geschieht, wenn das Ziel erreicht wird?
- Was passiert, wenn es nicht erreicht wird?

Herrscht hierzu keine Klarheit, sollte von dem Ziel Abstand genommen werden. Die konkrete Vorstellung zu obigen Punkten kann helfen, das Mindset zu stärken und Durststrecken zu überwinden. Weitere Fragen und Denkanstöße sind:

- Wie realistisch ist das Ziel?
- Welche Interessen hat mein Umfeld an der Zielerreichung?
- Welche Unterstützung habe ich zu erwarten und von wem?
- Welche Gewinner/Verlierer wird es bei Zielerreichung geben?
- Welche Widerstände sind da, von wem und wann?

Franz Carl Heimito von Doderer, österreichischer Schriftsteller, 19. Jh.:
„Alles hat zwei Seiten. Aber erst wenn man erkennt, dass es drei sind, erfasst man die Sache."

MASSNAHMEN

- Welche Maßnahmen nutzen vorhandene Energien/Kräfte?
- Wie lassen sich weitere Kräfte mobilisieren?
- Welche Maßnahmen erzeugen den geringsten Widerstand? – Im Sinne von *don't push the river!*
- Welche Maßnahmen sind geeignet, um Widerstände zu minimieren und *Win-win*-Situationen oder Synergien zu erzeugen?

- Welche Optionen werden mit welcher Maßnahme geschaffen, welche Optionen werden geschlossen?
- Wie flexibel bin ich bei der Wahl der Mittel und des Zeitpunktes der Umsetzung?
- Wie ist die Abhängigkeit der Maßnahmen voneinander?
- Wann ist der günstigste Zeitpunkt für welche Maßnahme?
- Welche Maßnahmen lassen sich parallel umsetzen?
- Welche Ereignisse und sich ändernde Randbedingungen sind erfolgskritisch für welche Maßnahme?
- Welche Maßnahmen sind nachhaltig in der Ergebnissicherung und weiteren Verbesserung?
- Welche Wirkung hat welche Maßnahme, werden alle Wirkungen ausreichen, das Ziel zu erreichen?

Deutsche Sprichwörter hierzu:
„Aus ungelegten Eiern schlüpfen keine Hühner."
„Außergewöhnliche Situationen erfordern außergewöhnliche Maßnahmen."
„Wer im Glashaus sitzt, sollte nicht mit Steinen werfen."
„Mit Speck fängt man Mäuse."

Marc Aurel, römischer Kaiser und Philosoph, 2. Jh. n. Chr.:
„Lass weg, was nicht unbedingt notwendig ist."

UNTERSTÜTZUNG

- Welche Kompetenzen werden benötigt und welche sind verfügbar?
- Welche Kapazitäten werden benötigt und welche sind verfügbar?
- Welche Aufgaben sind erfolgskritisch, welche weniger?
- Was kann ich selbst gut, wo benötige ich Unterstützung?
- Was kann ich delegieren, was muss/will ich selbst tun?
- Wen kann ich einbinden und wer ist fachlich/politisch hilfreich?
- Wie viel Vorlauf benötige ich für die Beschaffung einer geeigneten Unterstützung?

- Wem kann ich vertrauen?
- Wie beeinflusst die Unterstützung meine Position während und nach der Umsetzung?

Henry Ford, amerikanischer Fabrikant, 20. Jh.:
„Zusammenkommen ist ein Beginn, Zusammenbleiben ist ein Fortschritt, Zusammenarbeiten ist ein Erfolg."

UMSETZUNG

- Welche Wege, Mittel und Methoden sind angemessen und welche nicht?
- Wie kann ein Maximum an Umsetzungsunterstützung erreicht werden?
- Mit welchen Schäden ist bei der Umsetzung zu rechnen und wie können sie vermieden werden?
- Wie können Widerstände umgangen/überwunden werden?
- Welche Voraussetzungen und Randbedingungen müssen bei der Umsetzung zwingend gegeben sein?
- Welche Ereignisse können erfolgskritisch sein?

Johann Wolfgang Goethe, deutscher Schriftsteller, 18. Jh.:
*„Es ist nicht genug zu wissen — man muss auch anwenden.
Es ist nicht genug zu wollen — man muss auch tun."*

KOMMUNIKATION

- Wie sieht der gemeinsame Blick auf die Ausgangssituation sowie die Ziele und die Maßnahmen aus und wie lässt sie sich für alle verständlich beschreiben?
- Welche Aspekte sind zielgruppenabhängig zu vertiefen/zu vereinfachen?

- Welche Voraussetzungen haben die Zielgruppen, welche „Sprache" sprechen sie?
- Wie sieht der kulturelle Hintergrund beim Kommunikationspartner aus und was sind die Unterschiede/Besonderheiten?
- Wie, wann und wer kommuniziert im Sinne maximaler Wirkung?
- Welche Möglichkeiten bestehen für eine Kommunikation in beide Richtungen (Feedback, Verbesserungen, etc.)?
- Welche Wirkung kann die übermittelte Information haben und welche nicht (Best-case/Worst-case-Betrachtung)?
- Wie kann der Kommunikationserfolg überprüft werden?

Cyril Northcote Parkinson, englischer Soziologe und Publizist, 20. Jh.:
„Ein Vakuum, geschaffen durch fehlende Kommunikation, füllt sich in kürzester Zeit mit falscher Darstellung, Gerüchten, Geschwätz und Gift."

UMGANG MIT ERWARTUNGEN

Schon zu Beginn erster strategischer Überlegungen entstehen Erwartungen, die mit der Zielerreichung oder den Zwischenerfolgen auf dem Weg in eine Zielrichtung verbunden sind. Es sind die eigenen Erwartungen und die Erwartungen von Mitstreitern, Vorgesetzten, Auftraggebern, Kunden, etc. Es ist sehr wichtig, sich Klarheit zu verschaffen, welche Erwartungen bei wem mit der Strategie verbunden sind oder sein könnten.

Erwartungen von Dritten können schon vor dem Start der Strategieentwicklung vorhanden sein. Sie entstehen jedoch genauso während der Strategieentwicklung und -umsetzung in Abhängigkeit der gewählten Kommunikationsformen und Informationen, die beabsichtigt/unbeabsichtigt nach außen dringen. Hier gelten die Regeln einer geschickten Kommunikation sowie Prinzipien, die bereits in diesem Kapitel diskutiert wurden.

Unabhängig davon gibt es Regeln für ein geschicktes Erwartungsmanagement. Es geht darum, nicht nur die Ziele zu erreichen, sondern dieses Erreichen mit einem kommunizierbaren Erfolg entsprechend der unterschiedlichen Erwartungen zu verknüpfen.

Der gleiche Sachverhalt kann von Dritten positiv oder negativ ausgelegt werden. Verspricht man z.B. einen Fertigstellungstermin, der sehr „sportlich" ist und hält ihn nicht ein, wird das negativ beurteilt. Ist jedoch von vorneherein bei dem Fertigstellungstermin ein Zeitpuffer einkalkuliert, kann man sagen, unter großen Anstrengungen sei ein früherer Termin erzielt worden. Bei gleichem Zeitbedarf wird letzteres Vorgehen positiv wahrgenommen.

Generell ist dieses Prinzip vorteilhaft, sei es eine Gehaltserhöhung, ein Preis, ein Termin oder fachliche Inhalte. Es gilt also, nur zu versprechen, was einhaltbar ist. Das Optimum — noch besser sein als das eigene Versprechen! Gelingt dies nicht, ist eine rechtzeitige Kommunikation notwendig. Bereits bei einer „sich ankündigenden" Zielverfehlung sollte erläutert werden, warum das Ziel vermutlich nicht erreichbar ist und welche Alternativen anstehen. Betroffene haben so die Möglichkeit, einzugreifen oder andere neue Entscheidungen zu treffen. Vielleicht wird der Sachverhalt aber akzeptiert und die Offenheit „anerkannt"/belohnt.

In diesem Zusammenhang empfehlen sich folgende Fragen und Regeln:

- Welche Erwartungen gibt es und von wem?
- Welche Erwartungen sind die wichtigsten?
- Wie können Widersprüche aufgelöst werden, mit wem muss ich das abklären?
- Verspreche nichts, was nicht gehalten werden kann!
- Verspreche eher weniger und liefere mehr!
- Abweichungen sollten frühzeitig kommuniziert werden!

Gotthold Ephraim Lessing, deutscher Dichter, 18. Jh.:
„Beide schaden sich selbst: der, der zu viel verspricht und der, der zu viel erwartet."

EINSCHÄTZUNG DER EIGENEN PERSON

Wenn die eigene Person in der Strategieentwicklung und/oder -umsetzung eine zentrale Rolle spielt, ist eine realistische Selbsteinschätzung für das Durchdenken einer Strategie sowie die Ableitung effektiver Handlungen unerlässlich — vielleicht sogar der entscheidende Schlüsselfaktor für den Erfolg!

Wichtig ist, eigenes Können und Verhalten möglichst objektiv einzuschätzen, um Stärken zu nutzen und Schwächen zu kompensieren. Die Menschen in unserem Umfeld machen sich recht schnell ein Bild von uns — einschließlich unserer Stärken und Schwächen.

Aljoscha Neubauer, österreichischer Psychologe, 20. Jh.:
„Menschen sind Meister darin, andere einzuschätzen und allenfalls Lehrlinge in Sachen Selbsteinschätzung."

Das Verhalten von Personen, mit denen wir eine Strategie entwickeln und umsetzen wollen, können wir nur verstehen oder positiv beeinflussen, wenn wir uns selbst verstehen und unser Verhalten an Eigenschaften orientieren, die erfolgversprechend sind.

Charaktereigenschaften, die für das sogenannte *teamwork* erstrebenswert und ideal sind:

- Entschlossenheit
- Besonnenheit
- Berechenbarkeit
- Ehrlichkeit
- Verlässlichkeit, Loyalität
- Sorgfalt
- Kommunikationsstärke
- (Selbst-) Kritikfähigkeit

Albert Schweitzer, deutsch-französischer Philosoph, 20. Jh.:
„Ein Beispiel zu geben ist nicht die wichtigste Art, wie man andere beeinflusst. Es ist die einzige."

Vor diesem Hintergrund ist es unerlässlich, sich selbst kritisch zu hinterfragen. Ebenso hilfreich sind ehrliche Rückmeldungen von Freunden/Bekannten (siehe: Methode der Selbstwahrnehmungen im Kapitel „Methoden").

Fragen, die den Aspekt beleuchten:
- Welche ethischen Werte vertrete ich?
- Wie ausgeprägt ist meine Selbstdisziplin und wo habe ich meine Schwachstellen?
- Wie integer bin ich und wie zeigt sich das anderen?
- Wie geduldig, sorgfältig und fleißig kann ich sein?
- Kann ich mich in Bescheidenheit zurücknehmen?
- Wie glaubwürdig bin ich?
- Stimmen Worte und Taten bei mir überein?
- Wie entschlossen bin ich?
- Was kann ich fachlich wirklich gut und was eher nicht?
- Wie ist bei mir das Verhältnis zwischen Emotion und Vernunft?
- Halte ich Kritik aus?
- Wie berechenbar wirke ich?
- Wie kommunikationsstark bin ich?

Entscheidend ist, das so gewonnene Selbstbild mit den bereits beschriebenen „idealen Eigenschaften" abzugleichen und die größten Abweichungen zu identifizieren. Dann wird das für den Erfolg notwendige Profil bestimmt. Positive Eigenschaften sollten verstärkt, negative Eigenschaften sollten durch Dritte oder durch entsprechendes Verhalten kompensiert werden. Die eigenen Schwachstellen müssen im Sinne von *nobody is perfect* nicht versteckt werden.

STRATEGISCHES DENKEN UND HANDELN

Donald O. Clifton, amerikanischer Psychologe, 20. Jh.:
„Was gute Führungskräfte gemeinsam haben, ist, dass sie ihre Stärken wirklich kennen – und zum richtigen Zeitpunkt die richtige Stärke einsetzen können. Deshalb gibt es keine allgemeingültige Liste von Charakteristika, die auf alle Führungspersönlichkeiten zutrifft."

Die Ziele und das Vorgehen bei der Strategieumsetzung müssen darauf abgestimmt sein. Es ergibt keinen Sinn, bei der Strategieumsetzung Unbehagen oder „Bauchweh" zu spüren. Sind die Überzeugungen bzgl. Zielinhalten und Vorgehen mit den eigenen Wertvorstellungen kongruent, ist dies die beste Voraussetzung für den Erfolg.

Abbildung 33: Reaktives und proaktives Denken (Darstellung in Anlehnung an [27])

ENTSCHEIDEN

Bei der Strategieentwicklung und ihrer Umsetzung sind laufend Entscheidungen notwendig, die sich oft wie Weichenstellungen auf das weitere Vorgehen auswirken. Es ist durchaus sinnvoll, sich damit auseinanderzusetzen. Da es unterschiedliche Arten von Entscheidungen gibt, sollte auch der Umgang unterschiedlich ausfallen:

- Entscheidungen, die alleine/unabhängig getroffen werden;
- Entscheidungen, bei denen Abhängigkeit von anderen besteht;
- Entscheidungen, die nach eigener Vorbereitung, aber final von einer „höheren Instanz" getroffen werden.

Bei Entscheidungen, die alleine/unabhängig durchgeführt werden können, ist zu bedenken:

- Bringt mich diese Entscheidung näher an mein Ziel/ meine Zielrichtung?
- Welche Priorität hat die Entscheidung?
- Welche Vor- und Nachteile bringt die bevorstehende Entscheidung mit sich?
- Welche Alternativen gibt es und welche Chancen/Risiken sind damit verbunden?
- Welche Auswirkung bringt jede Entscheidungsalternative im *best case/worst case* mit sich und sind sie beherrschbar?
- Ist der Zeitpunkt für die Entscheidung günstig, welche Alternative gibt es und wie ist die Auswirkung?
- Sind die Entscheidungsgrundlagen aussagekräftig und verlässlich?
- Welche Entscheidungsgrundlagen sind unsicher und wie ist im *worst case* die Auswirkung? Ist sie beherrschbar?

Bei Entscheidungen, die von anderen abhängig sind, sind folgende Fragestellungen relevant:
- Wer kann meine Entscheidung beeinflussen und wie schätze ich die Personen bzgl. der anstehenden Entscheidung ein (z.B. mit Hilfe einer Stakeholder-Analyse)?
- Wie zuverlässig sind diese Personen?
- Welche Einflüsse kann es von Dritten geben und wie ist damit am besten umzugehen (*Best-case/Worst-case*-Betrachtung)?
- Wie kann ich auf die Personen im Sinne meines eigenen Entscheidungswunsches am besten Einfluss nehmen?
- Was passiert, wenn Dritte meine Entscheidung untergraben und wie gehe ich am besten damit um?

Bei Entscheidungen, die nach eigener Vorbereitung final von einer „höheren Instanz" ausgeführt werden, kommen weitere Aspekte hinzu:
- Wie sieht die Interessenslage auf nächst höherer Ebene aus?
- Entspricht mein Entscheidungsvorschlag den übergeordneten Zielen?
- Habe ich die Auswirkungen der Entscheidungen im positiven/negativen Sinn für die Entscheider nachvollziehbar und glaubwürdig dargestellt?
- Wer ist der Meinungsmacher und wie kann ich ihn von meinen Zielen, die mit der Entscheidung verbunden sind, überzeugen?

Friedrich II. (der Große), preußischer König, 18. Jh.:
„Wenige Menschen denken, und doch wollen sie entscheiden."

FÜHREN

Meistens sind bei der Strategieentwicklung und -umsetzung mehrere Personen beteiligt. Wenn einem selbst die Aufgabe zufällt, bzw. wenn die Möglichkeit gegeben ist, die Führung zu übernehmen, muss Klarheit herrschen, dass die Qualität der Führung ebenfalls maßgeblich zum Erfolg einer Strategieumsetzung beiträgt.
Neben den oben beschriebenen Charaktereigenschaften, einer guten Selbsteinschätzung sowie dem Umgang mit eigenen Stärken/Schwächen, gelten darüber hinaus weitere wichtige Prinzipien, die eine erfolgreiche Führung positiv beeinflussen.

Zahlreiche Studien kommen zu dem Schluss [29]: Wer gut führen will, muss freundlich sein. Ansonsten riskiert man Neid, Missgunst oder sogar Angst im Umsetzungsverlauf. Schon kleine nonverbale Signale, wie Nicken/Lächeln, zeigen dem Gegenüber, dass seine Gesellschaft geschätzt ist und seinem Anliegen entsprochen wird. Wer zu freundlich ist, aber wenig Kompetenz zeigt, erntet eher Mitleid und Geringschätzung. Am erfolgreichsten sind laut Forschung *happy warriors*, glückliche Kämpfer, die sich fachkundig und warmherzig zeigen [30].

Lido Anthony „Lee" Iacocca, amerikanischer Manager, 20. Jh.:
„Führung ist nichts anderes als die Kunst, andere Menschen zu motivieren."

Hierzu bieten sich nachfolgende Fragen an:
- Mit was und wie motiviere und begeistere ich mein Umfeld/meine Mitarbeiter?
- Was ergibt Sinn für die Handelnden (wichtige Voraussetzung für eine intrinsische Motivation)?
- Mit welchen Perspektiven und Argumenten kann ich überzeugen?
- Wann und wie kann ich Gerechtigkeit, Konsequenz und Fairness zeigen?

- Wo und wann kann ich meinen Mut und meine Entschlossenheit zeigen?
- Wie ernst nehme ich meine Vorbildfunktion?
- Gebe ich genügend Wertschätzung, Zutrauen, Feedback und Autonomie (dies ist bei agilen Ansätzen wichtig)?

Johann Wolfgang Goethe, deutscher Schriftsteller, 18. Jh.:
„Behandle die Menschen so, als wären sie, was sie sein sollten, und du hilfst Ihnen zu werden, wie sie sein könnten."

KULTUR UND SPIRIT

Ein gutes Team ist zu Höchstleistungen fähig, wenn ein positives Arbeitsklima vorherrscht bzw. das gesamte Team hoch motiviert ist, gemeinsame Ziele zu erreichen — der richtige „Kampfgeist" oder „Spirit" muss vorhanden sein!
Als Stellhebel für eine erfolgreiche Strategieumsetzung sollten Führungskräfte diesen Aspekt in jedem Fall nutzen.

Ein positives Arbeitsklima zeichnet sich aus durch:
- vertrauensvollen und respektvollen Umgang miteinander;
- Fairness und Verlässlichkeit untereinander;
- gegenseitige Hilfsbereitschaft;
- offene, kritikfähige Diskussionskultur.

Der richtige Spirit wird gefördert durch:
- Transparenz zu den gemeinsamen Zielen;
- gemeinsame Überzeugung vom Sinn der Zielerreichung und Richtigkeit des Vorgehens;
- Kennen des eigenen Platzes und der eigenen Aufgabe im Team;
- Wahrnehmung der Stärken des anderen;

- Schaffung eines „Wirgefühls" durch gemeinsames Planen und Ausführen;
- gemeinsames Feiern von Erfolgen;
- gemeinsames „Wundenlecken" bei Misserfolgen.

Als Führungskraft kann/muss ich das Entstehen eines positiven Arbeitsgefühls und des richtigen Spirits maßgeblich fördern.
Hierbei habe ich in erster Linie die Vorbildfunktion und kann/muss das Verhalten der Teammitglieder entsprechend loben oder tadeln.
Klar sollte sein, dass das eigene Führungsverhalten von den Mitarbeitern über Handlungen (Gesten, Ritus, Einführung, Erhebung, Integration), Sprache (Jargon, Signale, Humor), Erfolgsgeschichten, Erzählungen, Legenden oder Symbole, permanent wahrgenommen und bewertet wird.

7. ANWENDBARE METHODEN

ANWENDBARE METHODEN

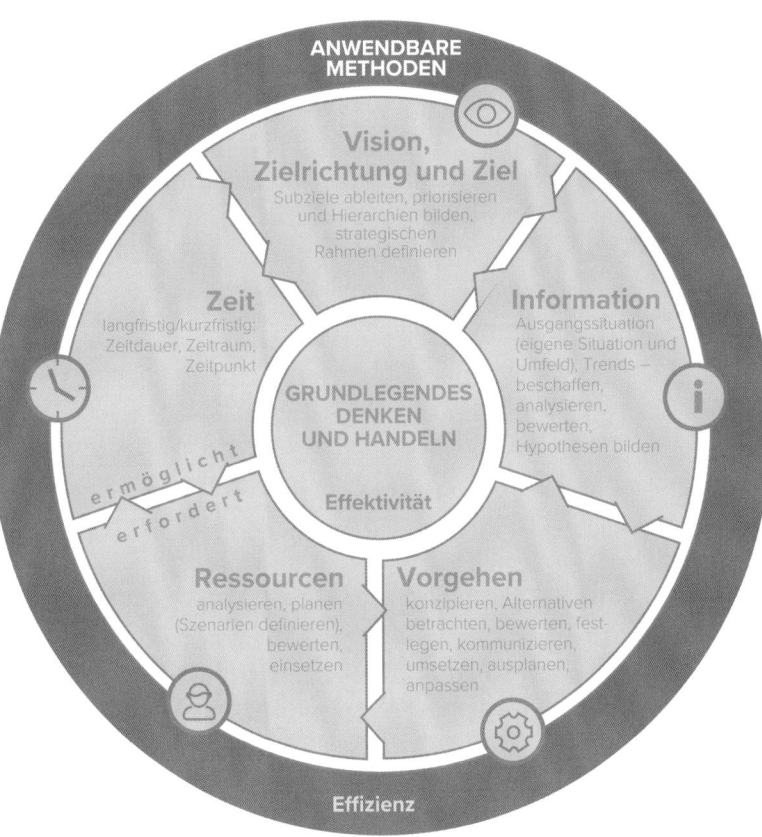

Abbildung 34: Schlüsselelement „Anwendbare Methoden" im Strategie-Tableau

ANWENDBARE METHODEN

Eine gute Methodik bei der Strategieentwicklung und -umsetzung reduziert die Aufwände und erhöht die Wahrscheinlichkeit, das effektivste Strategiekonzept und den effizientesten Ansatz zu finden.
Die beschriebenen Methoden beziehen sich auf die komplette Entwicklung einer Strategie sowie auf die Lösung von Einzelaufgaben. Im Kontext der Betrachtung werden Erstere „Vorgehensmethoden" und Letztere „Methodenbausteine" genannt.

In den „Werkzeugkästen" der Berater finden wir unzählige verschiedene und ähnliche Methoden, die in den jeweiligen Projekten zur Anwendung kommen. Neben Strategieentwicklungsprojekten können dies Businessoptimierungen, Change-Projekte, Prozessoptimierungen, Restrukturierungen und vieles mehr sein.

Die im Buch beschriebenen Methodenbausteine bilden keinen vollständigen Methodenbaukasten, wie er bei verschiedenen Consultingfirmen gepflegt wird. Es sind ausgewählte Methoden, die sich anhand praktischer Erfahrungen des Autors als besonders hilfreich erwiesen haben.
Die Methodenbausteine können in den unterschiedlichsten Phasen und Aufgabenstellungen zur Anwendung kommen. So erfolgt die Methodenbeschreibung nicht nach den Betrachtungsfeldern des Strategie-Tableaus geordnet, sondern als eigenes Kapitel.

Folgende Methodenbausteine werden erläutert:
- ALPEN-Methode
- Beeinflussungsmatrix
- Delphi-Befragungsmethode
- Eisenhower-Prinzip
- Fehlerbaumanalyse
- 5%- zu 95%-Regel

- GAP-Analyse
- Komplexitätsbeherrschung und -reduzierung
- Morphologischer Kasten
- Nutzwertanalyse
- Pareto-Prinzip
- Prinzip der 5 Warum
- Rasic-Methode
- Risikomanagement
- SADT-Methode
- Selbstwahrnehmung nach der Johari-Methode
- Stakeholder-Analyse
- SWOT-Analyse
- Wirkbereichsanalyse
- WOOP-Methode

Wie eingangs aufgezeigt, sollte das Vorgehen bei der Strategieentwicklung und -umsetzung jeweils auf Grundlage der Ausgangssituation und den Zielsetzungen konfiguriert werden. Die Grundelemente der Strategie mit Anregungen zum Denken und Handeln sowie die Nutzung obiger Methodenbausteine können helfen, möglichst schnell und wirkungsvoll Ergebnisse zu erzielen.

Als konkreter Input zur Gestaltung eigener Strategien werden im Kapitel „Beispiele" folgende Strategieprozesse erörtert:

- Strategieprozess nach der WOOP-Methode;
- Klassisches sequenzielles Vorgehen;
- GAP-basiertes Vorgehen;
- SADT-basiertes Vorgehen.

ALPEN-METHODE

Das Zeitmanagement auf der operativen Ebene kann durch konkrete Maßnahmen optimiert werden. Eine gängige Methode zur Festlegung der Maßnahmen ist die ALPEN-Methode. In Anlehnung an L.Seiwert [31] beinhaltet sie:

- Erledigung der **A**ufgaben festlegen: Zunächst werden alle Aufgaben mit dem jeweiligen Zieltermin aufgelistet.
- **L**änge (Dauer) der benötigten Zeit planen: Die für jede Aufgabe benötigte Arbeitszeit wird ermittelt und festgehalten.
- **P**ufferzeiten berücksichtigen: Für unerwartete Störungen sind Zeitreserven einzuplanen.
- **E**ntscheidung für Prioritäten: Die aufgelisteten Aufgaben sind im Hinblick auf Bedeutung und Dringlichkeit in eine Reihenfolge zu bringen.
- **N**achkontrolle durchführen: Eine Soll-Ist-Kontrolle nach dem Arbeitsergebnis oder am Ende der Arbeitszeit stellt sicher, ob und inwieweit das Zeitmanagement funktioniert hat.

■ Anwendung: Die ALPEN-Methode eignet sich als Zeitmanagement-Methode für alle Planungs- und Umsetzungsaufgaben einer Strategie.

BEEINFLUSSUNGSMATRIX

Mit der Methode der Beeinflussungsmatrix lässt sich herausfinden, ob und wie sich Objekte (Personen, Dinge oder Sachverhalte, z.B. Maßnahmen) gegenseitig beeinflussen und welche Faktoren den stärksten Einfluss ausüben. Nach Ermittlung der relevanten Einflussfaktoren wird die Bewertung der gegenseitigen Beeinflussung gewichtet. So kann die Problemstellung geteilt, paketiert und priorisiert werden.

Die Beeinflussungsmatrix eignet sich gut als Methode der Priorisierung, Fokussierung bzw. Komplexitätsreduzierung, da sich die Auswertung nach der Analyse auf wenige wichtige Einflussfaktoren konzentrieren kann [32].

Einfluss auf Einfluss von	A	B	C	D	E	Kumulierte Einflussstärke
A		0	1	2	1	4
B	0		2	2	2	6
C	0	0		0	1	1
D	2	0	0		1	3
E	2	2	1	0		5
Kumulierte Beeinflussbarkeit	4	2	4	4		

Abbildung 35: Beispiel für den Aufbau einer Beeinflussungsmatrix

Die Faktoren der Beeinflussungsmatrix lassen sich anhand ihrer Position im Diagramm (siehe Abbildung 36) nach [33] so klassifizieren:

- **Aktive Einflussfaktoren:** Die Einflussfaktoren im rechten unteren Quadranten haben einen starken Einfluss auf die anderen Größen, lassen sich selbst aber nur unzureichend verändern.
- **Passive Einflussfaktoren:** Die Einflussfaktoren im linken oberen Quadranten besitzen nur eine geringe Einflussstärke, lassen sich jedoch selbst leicht beeinflussen. Sie sind also überwiegend passiv.

- **Kritische Einflussfaktoren:** Die Einflussfaktoren im rechten oberen Quadrant sind am stärksten vernetzt. Sie sind sowohl aktiv als auch passiv und wirken maßgeblich auf das Systemverhalten/das Vorhaben ein, wobei sie auch selbst starken Veränderungsmöglichkeiten unterworfen sind. Ihnen muss bei der strategischen Planung besondere Aufmerksamkeit zukommen.
- **Träge Einflussfaktoren:** Die Einflussfaktoren im linken unteren Quadranten weisen insgesamt eine schwache Vernetzung auf — sie sind weder aktiv noch passiv und haben keine nennenswerten Auswirkungen auf das Systemverhalten/Vorhaben.

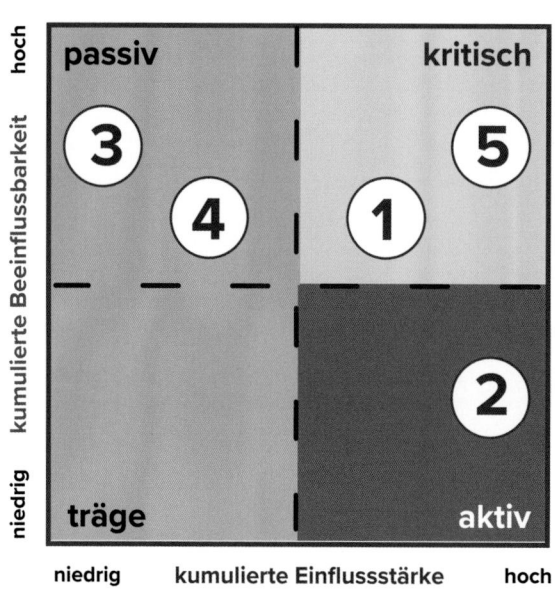

Abbildung 36: Grafische Auswertung der Einflussmatrix

■ Anwendung: Die Methode zeichnet sich durch ihren ganzheitlichen Ansatz aus. Speziell in der Analyse- oder Planungsphase ist sie sehr effektiv: welche Maßnahme beeinflusst welche Maßnahmen? So lässt sich u.a. die Reihenfolge festlegen und einzelne Maßnahmen können hinsichtlich ihrer Wirkung priorisiert werden.

DELPHI-BEFRAGUNGSMETHODE

Bei einer Delphi-Befragung wird einer Expertengruppe ein Fragen- oder Thesenkatalog des betreffenden Fachgebiets vorgelegt. Die Befragten haben in zwei oder mehreren „Runden" die Möglichkeit, die Thesen einzuschätzen. Ab der zweiten Runde wird ein anonymes Feedback gegeben, wie die anderen Experten geantwortet haben. Auf diese Weise wird erreicht, der üblichen Gruppendynamik mit dominanten Personen entgegenzuwirken.

Die in der ersten Runde schriftlich erhaltenen Antworten, Einschätzungen, Ergebnisse etc. werden aufgelistet und mithilfe einer speziellen Mittelwertbildung, Perzentilen oder Durchschnittswertberechnungen zusammengefasst. Anschließend werden die Ergebnisse anonymisiert und den Fachleuten für eine weitere Diskussion, Klärung und Detaillierung erneut vorgelegt. Der kontrollierte Prozess der Meinungsbildung erfolgt gewöhnlich über mehrere Stufen. Das Endergebnis ist eine aufbereitete Gruppenmeinung, die die Aussagen selbst und Angaben über die Bandbreite vorhandener Meinungen enthält [34].

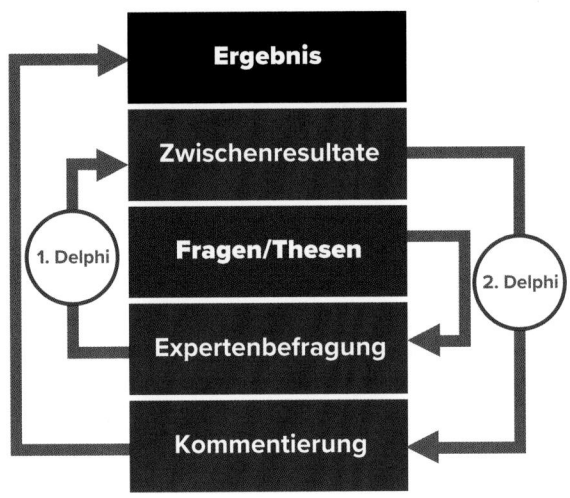

Abbildung 37: Ablauf einer Delphi-Befragung in 2 Schleifen

■ Anwendung: Die Delphi-Befragungsmethode sollte im Rahmen der Strategieentwicklung immer dann eingesetzt werden, wenn es gilt, Klarheit bei widersprüchlichen Expertenmeinungen zu erhalten. Dies kann in der Phase der Informationsbeschaffung und bei der Beurteilung von Maßnahmen relevant sein.

EISENHOWER-PRINZIP

Das Eisenhower-Prinzip hilft, die eigenen Aufgaben zu priorisieren und die wirklich wichtigen zu identifizieren. Dazu wird ein Koordinatensystem aufgespannt, bei dem die eine Achse die Wichtigkeit und die andere Achse die Dringlichkeit bestimmen.

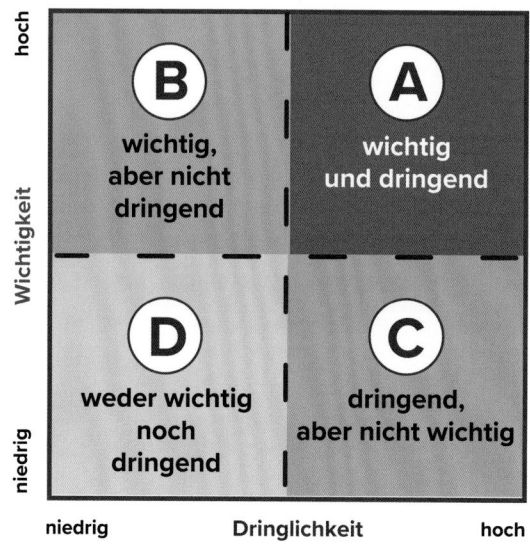

Abbildung 38: Priorisierung von Aufgaben nach dem Eisenhower-Prinzip

In dem Koordinatensystem werden alle notwendigen Aufgaben einsortiert: je wichtiger nach oben, je dringender nach rechts.

Daraus ergeben sich vier Aufgabenfelder:
- A: wichtig und dringend
- B: wichtig, aber nicht dringend
- C: dringend, aber nicht wichtig
- D: weder wichtig noch dringend

Wenn alle Aufgaben im Koordinatensystem einsortiert sind, gibt das Eisenhower-Prinzip klare Vorgaben, wie das Ergebnis zu bewerten ist:
- A-Aufgaben werden sofort und selbst erledigt;
- B-Aufgaben werden selbst erledigt, allerdings zu einem späteren Zeitpunkt;
- C-Aufgaben werden an geeignete Mitarbeiter delegiert;
- D-Aufgaben werden gar nicht erledigt.

■Anwendung: Das Eisenhower-Prinzip ist ein Klassiker des Zeitmanagements. Die Methode eignet sich im Tagesgeschäft sowie in allen Phasen der Strategieentwicklung — bei der Zieldefinition, der Maßnahmenfestlegung oder der Erfolgskontrolle.

FEHLERBAUMANALYSE

Die Fehlerbaumanalyse wurde ursprünglich entwickelt, um komplexe Systeme hinsichtlich der Anfälligkeit von Ausfällen einzelner Systemkomponenten und ihrer Auswirkung auf ein besonderes Ereignis, das sogenannte Top-Ereignis (wie z.B. ein Ausfall des Gesamtsystems) zu beurteilen. Im Rahmen der Strategieentwicklung ergibt eine Anwendung nur Sinn, wenn das Gesamtvorhaben sehr komplex ist. In der nachfolgenden an [35] angelehnten Beschreibung können statt der Begriffe System und Teilsystem die Begriffe Vorhaben, Teilvorhaben, Ressource etc. verwendet werden. Ein Ausfall eines Subsystems im Kontext einer Strategieumsetzung kann bedeuten, dass ein Teilvorhaben ein Subziel nicht erreicht hat.

Die Auswirkung auf die Gesamtzielerreichung der Strategie ist folgendermaßen zu beurteilen:

- **Zweck:** Identifizierung aller Bedingungen, die zu einem unerwünschten „Top-Ereignis" führen können.
- **Ergebnis:** Basis für weitere Untersuchungen, Priorisierungen und Formulierung von Hypothesen.

Wie funktioniert die Fehlerbaumanalyse im Detail? Sie verwendet in ihrer Methodik eine sogenannte negative Logik, d.h. der Fehlerbaum beschreibt eine Ausfallsfunktion, die bei dem Zustand logisch-1 einen Ausfall ausdrückt und bei logisch-0 ein funktionsfähiges System. Da sich die Fehlerbaumanalyse der booleschen Algebra bedient, befindet sich das Gesamtsystem oder Teilsystem/Komponente immer nur im Zustand „funktionsfähig" (logisch-0) oder „ausgefallen" (logisch-1).

Ausgegangen wird nach einer Systemanalyse von einem einzigen unerwünschten Ereignis. Es steht an der Spitze des Fehlerbaums als sogenanntes Top-Ereignis, welches beispielsweise den Gesamtausfall des Systems beschreibt und im Rahmen einer Gefahrenanalyse ermittelt wird.

Ausgehend von diesem Top-Ereignis wird der Fehlerbaum in einer Top-down Analyse bis zu den einzelnen Ausfallzuständen der Komponenten erstellt. Bei komplexeren Systemen erfolgt die Unterteilung in Subsysteme, die analog wiederum unterteilt werden, bis das komplette System in Form von nicht mehr unterteilbaren Einheiten abgebildet ist. Die Ausfallkombinationen im Fehlerbaum werden mit der booleschen Algebra und den entsprechenden Symbolen (UND/ODER) logisch verknüpft [35].

Im einfachsten Fall werden die Komponenten, die in ihrer Funktionsfähigkeit voneinander abhängen, durch die logische ODER-Funktion verknüpft.

Wenn dies so ist, führt bereits der Ausfall einer Komponente zu einem Ausfall des gesamten Systems. Komponenten, die sich wechselseitig in der Funktion ersetzen können (Redundanz), werden durch die UND-Funktion im Fehlerbaum verknüpft [35].

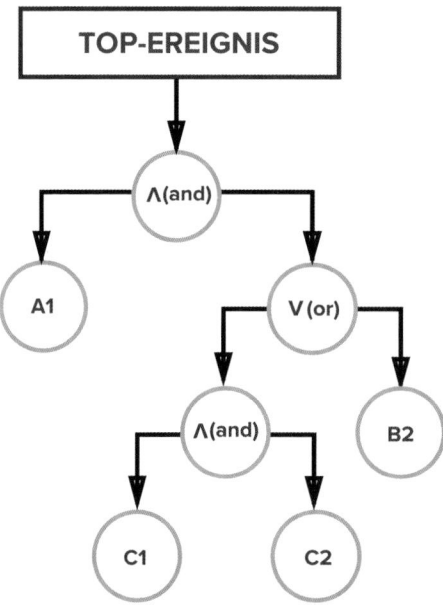

Abbildung 39: Grafische Darstellung des Prinzips der Fehlerbaumanalyse

Nach der Erstellung des Fehlerbaums werden systematisch alle Bedingungen identifiziert, die zu einem vorherbestimmten Top-Ereignis führen können. Die Fehlerbaumanalyse hilft bei der Unterscheidung von Bedingungen, die notwendig oder hinreichend sind, um das Top-Ereignis zu verursachen. Dabei wird zunächst nur der Bereich der Möglichkeiten aufgezeichnet. In einem weiteren Schritt können Wahrscheinlichkeiten den einzelnen Bedingungen zugewiesen werden.

■ Anwendung: Die Fehlerbaumanalyse ist eine Methode, die bei komplexen Strategieprozessen kritische Situationen, Zustände oder Situationen auf Teilsysteme oder Handlungen herunterbrechen kann, um die Auswirkung besser zu überprüfen. Z.B. die Beurteilung, welche Maßnahmen welchen Einfluss auf den Gesamterfolg haben und ob redundante Maßnahmen überflüssig/notwendig sind.

5%- ZU 95%-REGEL

Die 5% zu 95% Regel dient zur Kontrolle des eigenen Handelns während der Konzeptphase. Das Konzept entscheidet über die Aufwände in der Umsetzungsphase. Es soll motivieren, konzeptionell präzise zu arbeiten, d.h. es muss nicht unbedingt der erstbeste Gedanke verfolgt werden. Die Konzeption von Alternativszenarien mit Bewertung der Umsetzungsaufwände steht hier im Vordergrund. Der Aufwand, der in einer Konzeptphase erbracht wird, zahlt sich immer aus. Je besser das Konzept, desto geringer sind die Umsetzungsaufwände. Dieses Denken nennt man auch *front-loading*.

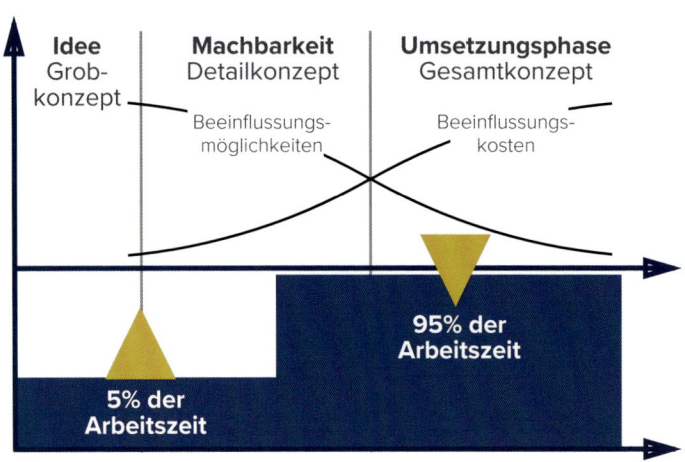

Abbildung 40: Darstellung der 5%- zu 95%-Regel

■ **Anwendung:** Diese Methode hilft bei der Ressourcenplanung und Umsetzungssteuerung.

GAP-ANALYSE

Die GAP Analyse beinhaltet den systematischen Vergleich eines Ist-Zustands mit seinem Soll-Zustand. Die Ergebnisse werden gegenübergestellt und verglichen. Die identifizierten Lücken (GAPs) gilt es zu beschreiben und zu priorisieren. Anschließend lassen sich den wichtigsten Lücken geeignete Maßnahmen zuordnen, um sie zu schließen.

Das Ergebnis ist ein Soll-Ist-Vergleich sowie eine priorisierte Maßnahmenliste, um den Ist-Zustand in Richtung Soll-Zustand zu verändern.

Aspekt	Soll	Ist	Gap	Maßnahme
	S	I	G	M

Abbildung 41: Matrix zur GAP-Erfassung

Matrixinhalte der GAP-Analyse:
- **Soll-Zustand:** gewünschter oder notwendiger Zustand;
- **Ist-Zustand:** Ausgangssituation/heutiger Zustand;
- **GAP (Lücke):** Abweichung von Soll und Ist;
- **Maßnahme:** Ansatz zur Schließung der Lücke (Maßnahmen/Ideen unter Berücksichtigung der Realisierungsmöglichkeiten).

■ Anwendung: Die GAP-Analyse eignet sich hervorragend, um Ziele für die Strategie zu identifizieren und Maßnahmen zuzuordnen. GAPs können auch im Strategieprozess selbst identifiziert und so das Vorgehen optimiert werden.

METHODIK ZUR KOMPLEXITÄTSREDUZIERUNG UND -BEHERRSCHUNG

Nicht selten ist eine Ausgangssituation vielschichtig und unübersichtlich — die Strategieentwicklung komplex und die Umsetzungsplanung anspruchsvoll. Geeignete Methoden können in der Phase der Problemanalyse und in der Planungs- und Umsetzungsphase helfen, die Komplexität zu reduzieren/beherrschen [32].

Werden komplexe Sachverhalte oder Objekte (nachfolgend System genannt) betrachtet, dann definiert sich der Grad der Komplexität durch die Anzahl der Elemente und die Anzahl der Beziehungen zwischen den Elementen. Außerdem kommt dazu, dass sich bei entsprechender Dynamik die Komplexität steigert, wenn sich mit zunehmender Geschwindigkeit Beziehungen ändern und neue Elemente hinzukommen/verschwinden.

Bei n Elementen in einem System und angenommenen Beziehungen zwischen allen Elementen, erhalten wir n*(n-1) Beziehungen. Daraus resultieren ein exponentieller Verlauf der Umsetzungsdauer sowie ein nicht linearer Abfall der Gültigkeitsdauer von Annahmen, Anforderungen und Randbedingungen bei zunehmender Komplexität des Gesamtsystems. Eine Schere tut sich auf, je komplexer das System ist und je dynamischer sich Annahmen, Anforderungen und Randbedingungen verändern (siehe Abbildung 42).

Jetzt lassen sich Lösungsansätze finden, um nicht im Modus eines permanenten Nachbesserns zu verharren. Zunächst wird durch die Bildung von Subsystemen (Modularisierung) versucht, die Anzahl der Beziehungen zwischen den einzelnen Elementen zu reduzieren.

Dabei wird nach dem Prinzip der Wirkbereiche (siehe auch Methode der Wirkbereichsanalyse) vorgegangen. Die Systemgrenzen sind so festzulegen, dass möglichst wenig Schnittstellen zwischen den einzelnen Modulen auftreten, um die Komplexität zu reduzieren.

Durch geeignete Vorgehensmodelle (vgl. Kapitel Umsetzung) lässt sich die Umsetzungsdauer weiter reduzieren. Der Aufwand für das Nachhalten wird damit geringer und die Umsetzung effizienter.

Der Einfluss der Dynamik bei Anforderungsänderungen und Änderungen von Randbedingungen ist durch eine geschickte Aufteilung der Subsysteme in Module mit hoher Änderungsdynamik und Module mit stabilen Bedingungen erreichbar. Die Abstützung auf Standards wirkt sich ebenfalls positiv auf die Beherrschung von Komplexität und Dynamik aus.

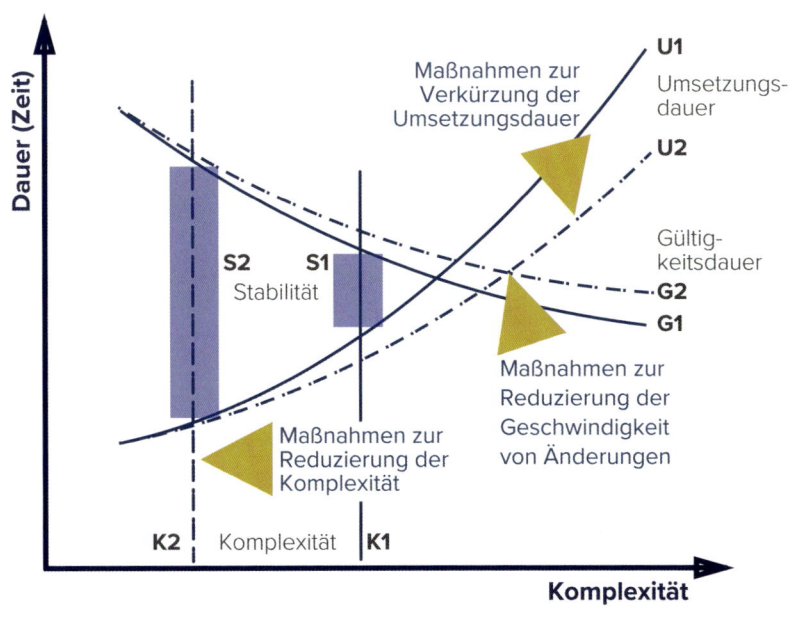

Abbildung 42: Beherrschung und Reduzierung der Komplexität

■ Anwendung: Die Methoden der Komplexitätsreduzierung und -beherrschung eignen sich besonders für Strategien zur Entwicklung komplexer Produkte, Systeme oder Dienstleistungen. Projekte, die aufgrund ihrer Komplexität lange Entwicklungszeiten haben, laufen ohne die Beherrschung des Komplexitätsmanagements Gefahr, in eine *Deadlock*-Situation zu geraten — sich ändernde Randbedingungen und Anforderungen führen zu einem endlosen Nachbessern. Ein trauriges Beispiel für eine mangelhafte Projektstrategie ist das Bauprojekt des Berliner Flughafens „Willy Brandt". Der Flughafen nahm mit ca. 10 Jahren Verspätung und einer Kostenabweichung von über 300 % erst Ende 2020 seinen Betrieb auf.

MORPHOLOGISCHER KASTEN

Der Morphologische Kasten ist eine systematische Methode, um komplexe Problemstellungen übersichtlich zu erfassen und mögliche Lösungen zu betrachten. Mit der Methode des Morphologischen Kastens wird eine Themenstellung in ihre Einzelteile/Teilsysteme zerlegt. Zu den Teilsystemen lassen sich mögliche Ausprägungen bestimmen und auflisten. In einem kreativen Folgeschritt sind dann verschiedene sinnvolle Lösungsmöglichkeiten miteinander kombinierbar. Sie werden bewertet, um im letzten Schritt eine Auswahl treffen zu können. Abbildung 43 zeigt ein Beispiel, bei dem 4 Varianten mit ihren unterschiedlichen Ausprägungen der Teilsysteme 1 bis n betrachtet werden. Sinnvolle Kombinationen sind schwarz dargestellt, die ausgewählte Kombination ist gelb.

ANWENDBARE METHODEN

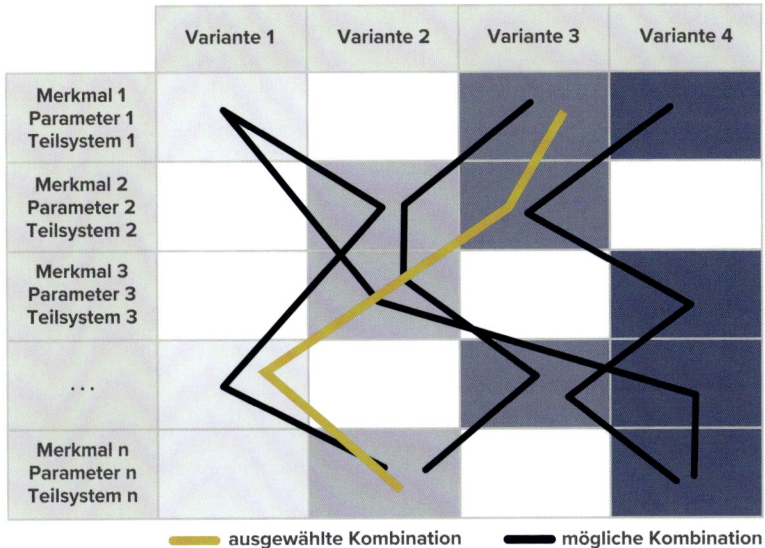

Abbildung 43: Beispiel für den Aufbau eines Morphologischen Kastens

- Anwendung: Die Methode des Morphologischen Kastens kann für verschiedene Aufgabenstellungen im Strategieprozess angewendet werden, beispielsweise zur Zielfindung. Die einzelnen Merkmale und Parameter vorgedachter Zielvarianten sind so zu kombinieren, dass eine weitere bessere Zielvariante entsteht. Genauso gut können Maßnahmen hinsichtlich ihrer Optimierung verglichen und verbessert werden, indem die Maßnahmenbestandteile neu kombiniert werden.

NUTZWERTANALYSE

Die Nutzwertanalyse ist bei der Auswahl von Alternativen hilfreich. Sie eignet sich zur Bewertung von Systemen oder Handlungsalternativen und stellt somit eine Entscheidungshilfe dar. Nach Auswahl der zu betrachtenden Alternativen, Objekte etc. werden Entscheidungskriterien festgelegt und für die Gesamtbewertung Wichtungen zugeordnet. Die Summe aller Wichtungen beträgt 100 %. Die Bewertung erfolgt in Punkten. In der Regel liegen sie zwischen 0 bis 100. Durch Addition der Einzelgewichtungen ergibt sich die Gesamtpunktzahl pro Alternative. Die Alternative mit der höchsten Punktzahl erfüllt die definierten Kriterien am besten. Das Prinzip ist in Abbildung 44 dargestellt. Zu beachten ist, dass bei der Bewertung auch subjektive Einflüsse eine Rolle spielen.

Kriterium	Wichtung	Objekt 1		Objekt 2		Objekt 3	
		Bewertung	gewichtet	Bewertung	gewichtet	Bewertung	gewichtet
Eigenschaft 1	5%	8	0,4	2	0,1	8	0,4
Eigenschaft 2	20%	6	1,2	10	2	10	2
Eigenschaft 3	10%	6	0,6	8	0,8	10	1
Preis	25%	10	2,5	4	1	2	0,5
Qualität	40%	2	0,8	8	3,2	2	0,8
	100%		5,5		7,1		4,7

■ Bewertung zwischen 1 - 10   ■ Wichtung zwischen 0 - 100%

Abbildung 44: Beispiel für den Aufbau einer Matrix zur Nutzwertanalyse

■ **Anwendung:** Die Methode der Nutzwertanalyse wird überwiegend verwendet, um Ergebnisse/Teilergebnisse eines Strategieprozesses hinsichtlich des erzielbaren Nutzens zu bewerten. Es lassen sich ebenso Einzelmaßnahmen oder Ressourcen bewerten.

PARETO-PRINZIP

Das Pareto-Prinzip (80 zu 20 Regel) besagt, dass 80 % der Ergebnisse mit 20 % des Gesamtaufwandes erreicht werden. Die verbleibenden 20 % der Ergebnisse verursachen mit 80 % des Gesamtaufwands die meiste Arbeit.

Die Anwendung des Pareto-Prinzips sollte auch im Zusammenhang mit den Prinzipien der Wirkbereichsanalyse, der 5%- zu 95%-Regel und des Morphologischen Kastens in Betracht gezogen werden. Das Prinzip verkürzt die Umsetzungsdauer einer Aufgabe und hilft, Ressourcen zu sparen.

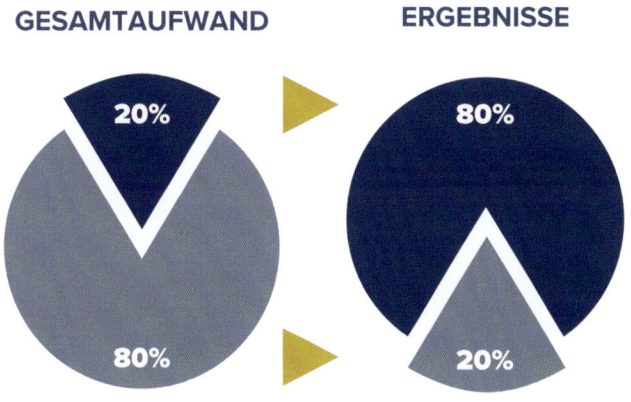

Abbildung 45: Grafische Darstellung des Pareto-Prinzips

■ Anwendung: Das Pareto-Prinzip ist bestens geeignet, um sich auf Ziele und Maßnahmen zu konzentrieren, die schnell und wirkungsvoll sein sollen. Es hilft bei der Fokussierung — die konsequente Anwendung bringt *quick wins* mit sich.

PRINZIP DER 5 WARUM

Mit der 5-Warum-Methode (5-W-Methode) können die Kausalketten zu einem Problem „durchleuchtet" werden, um den Ursachen auf den Grund zu gehen. Von einem gegebenen Problem aus wird die Kausalkette anhand der Frage „warum?" iterativ erforscht. Spätestens nach der fünften Iteration sollte die Grundursache gefunden werden.

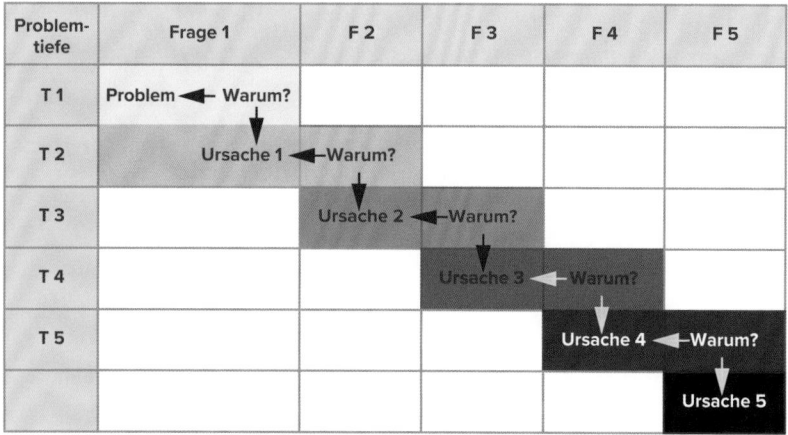

Abbildung 46: Prinzip der 5 Warum

■ Anwendung: Die 5-W-Methode sollte dann zum Einsatz kommen, wenn die Vermutung naheliegt, dass es sich bei der Identifizierung einer Problemursache noch nicht um die „wahre" Ursache handelt. Sie ist zum Beispiel bei der Zieldefinition und Maßnahmenfindung anwendbar, um sicherzustellen, dass nicht Maßnahmen festgelegt werden, die an der eigentlichen Ursache des Problems vorbeizielen.

RASIC-METHODE

Die RASIC-Methode (**R**esponsible/**A**ccountable/**S**upportive/**I**nformed/**C**onsulted Person) wird angewendet, um Transparenz zu Rollen und Verantwortungen innerhalb einer Arbeitsgruppe zu schaffen. Sie eignet sich u.a. zur Abstimmung und Rollenvereinbarung der eingebundenen Personen bei einer Strategieumsetzung.

Für alle Teilaufgaben ist die jeweilige Rolle der einzelnen Beteiligten festzuhalten, indem der Anfangsbuchstabe der Rolle in eine Matrix eingetragen wird (siehe Abbildung 47):

R (Durchführung): Diese Person setzt den Teilprozess um und koordiniert die Tätigkeiten.

A (Ergebnisverantwortung): Diese Person/dieser Personenkreis trifft notwendige Entscheidungen.

S (Support): Diese Person/dieser Personenkreis unterstützt den Durchführer gemäß Vereinbarungen.

I (Information): Diese Person/dieser Personenkreis ist bei Abschluss des Teilprozesses zu informieren.

C (Beratung): Diese Person/dieser Personenkreis ist bei der Meinungsbildung einzubinden.

Task/Activity	Anna	Hans	Thomas	Markus
Teilaufgabe 1	R/A	S	I	A
Teilaufgabe 2	A		R	
Teilaufgabe 3	R	I/A	S	C
Teilaufgabe 4	A	R	S	C

Abbildung 47: Beispiel für die Rollenzuordnung nach der RASIC-Methode

- **Anwendung:** Die RASIC-Methode eignet sich dann, wenn bei der Strategieentwicklung und -umsetzung mehrere Personen/Teams in unterschiedlichen Rollen agieren. RASIC bring Klarheit zu Verantwortungen und Rollen in allen Phasen des Strategieprozesses. Die RASIC-Methode lässt sich sehr gut in Kombination mit der Swimlane-Methode anwenden.

RISIKOMANAGEMENT

Bei jeder Strategieumsetzung gibt es Risiken. Entscheidend ist, sie im Vorfeld zu erkennen oder sie wenigstens während der Umsetzung wahrzunehmen. Gerade bei großen Strategieprojekten ist ein gut organisiertes Risikomanagement empfehlenswert. Das Risikomanagement umfasst die Risikobeurteilung, Maßnahmen zur Risikovermeidung und Risikobewältigung. Darüber hinaus ist eine zielgerichtete Kommunikation ebenfalls Bestandteil eines guten Risikomanagements.

ANWENDBARE METHODEN

Das Risikomanagement beinhaltet:
- Erkennen und Beschreiben der Risiken mit den möglichen Ursachen;
- Beurteilung der Eintrittswahrscheinlichkeit zu jedem Risiko und der möglichen Auswirkungen;
- Zuordnung von Maßnahmen zur Risikovermeidung und Risikobeherrschung;
- Ergreifen von Maßnahmen, um Risiken permanent zu überwachen;
- laufende Kommunikation zum jeweiligen Status der Bewertung.

Um Risiken zu vergleichen und einen Überblick zu bekommen, ist es empfehlenswert, jedes Risiko hinsichtlich seiner Eintrittswahrscheinlichkeit und Auswirkung mit frei wählbaren Kennzahlen bzw. Prozentpunkten zu bewerten. Für die Beurteilung hilft oft der Vergleich mit bekannten ähnlichen Risiken.

Die einzelnen Risiken können in einen Risikograf eingetragen werden. Ein Beispiel eines Risikografs ist in Abbildung 48 dargestellt.
Sind sie zugeordnet, gilt es durch eine vorausschauende Planung, Risiken im blauen Bereich der Grafik zu verhindern. Risiken im hellblauen Bereich, auch ALARP — **A**s **L**ow **A**s **R**easonably **P**racticable — genannt, sollten durch geeignete Maßnahmen so niedrig wie möglich gehalten werden. Risiken im grauen Bereich sind unerheblich.

Abbildung 48: Risikograph in Anlehnung an [36] zur Bewertung von Risiken

■ Anwendung: Bei größeren Strategieprojekten oder zyklischen Strategieprozessen ist es unerlässlich, ein Risikomanagement bereits mit der Zieldefinition einzurichten. Risiken sollten identifiziert und während der Umsetzungsphase permanent bewertet und aktualisiert werden. Idealerweise wird die Funktion Risikomanagement mit einem direkten Berichtsweg zur Führung in der Organisation fest verankert. Bei kleineren Projekten/Organisationen sollte das Risikomanagement einen Dauerplatz im persönlichen Eisenhower-Diagramm mit der Priorität „wichtig und dringend" erhalten.

SADT-METHODE

Eine Methode, die sich in der Praxis ebenfalls sehr bewährt hat, ist die SADT-Methode.

Die **S**tructured **A**nalysis and **D**esign **T**echnique ist ursprünglich eine Methode zur Softwareentwicklung, die als Standard ISO/IEC/IEEE 31320 unter dem Synonym IDEF0 bekannt ist [32]. Aufgrund ihrer einfachen Anwendbarkeit eignet sie sich hervorragend, um Abläufe und Zusammenhänge darzustellen und zu analysieren.

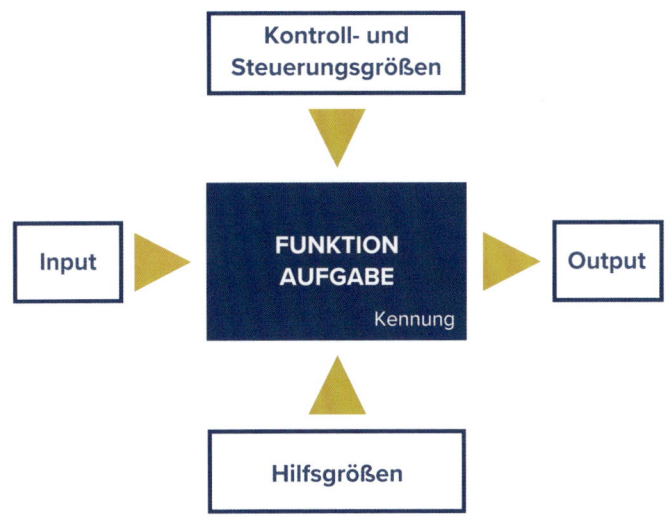

Abbildung 49: Basiselemente der SADT-Modellierung

Basiselemente der Modellierung (siehe Abbildung 49) sind die Funktion, der Input, der Output, die Kontroll-/Steuerungsgrößen sowie die Hilfsgrößen.
Es können mehrere Funktionen hintereinander ausgeführt werden, indem die Ausgangsgröße einer Funktion mit der Eingangsgröße der anderen verbunden wird. Hierarchische Zusammenhänge/Verschachtelungen werden genauso dargestellt — eine Funktion enthält dann eine Reihe von Subfunktionen. Die Analyse und die Darstellung erfolgen *top down*. Siehe Beispiel in Abbildung 50.

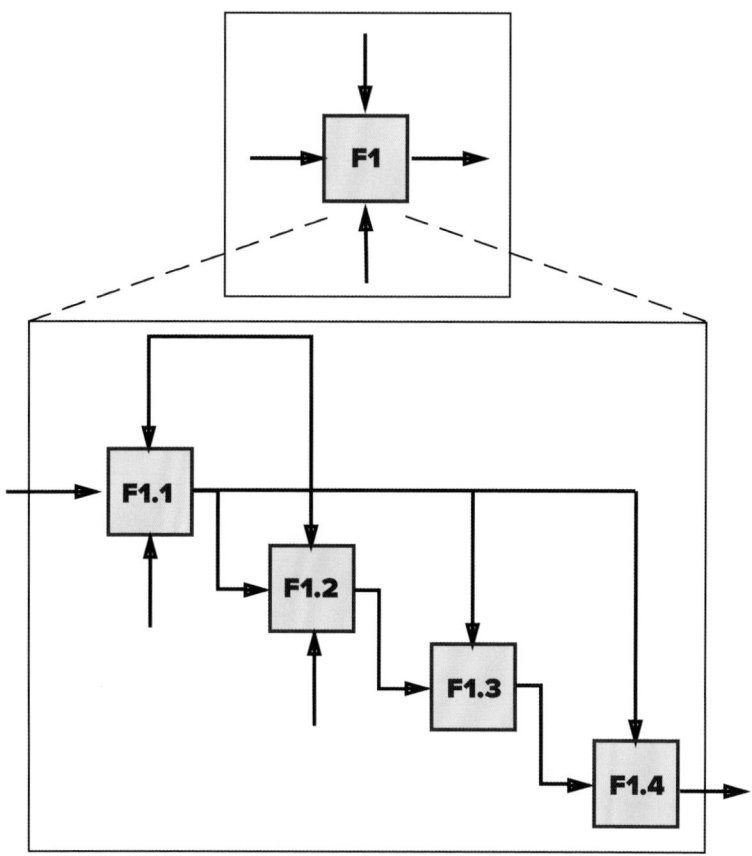

Abbildung 50: Beispiel der Verschachtelung von SADT-Diagrammen [32]

- Anwendung: Die SADT-Methode kann sehr vielfältig in der Strategiearbeit angewendet werden: von der Analyse der Ausgangssituation bis hin zur Nutzung eines kompletten strategischen Vorgehensmodells. Das strategische Vorgehen nach der SADT-Methode wird im Kapitel „Beispiele" erläutert.

SELBSTWAHRNEHMUNG NACH DER JOHARI-METHODE

Eine realistische Selbsteinschätzung ist die Voraussetzung für viele Aufgaben in der Strategieentwicklung und -umsetzung.
Sie gilt im Besonderen für alle Aufgaben, bei denen Interaktionen mit anderen im Vordergrund stehen. Ein grundlegendes Wissen zur Selbstwahrnehmung ist von Vorteil. Psychologen haben hierzu ein Schema entwickelt, um Menschen beim Abgleich von Fremd- und Selbstwahrnehmung zu unterstützen: das Johari-Fenster, benannt nach **Jo**seph Luft und **Har**ry **I**ngham [37].

In den vier Quadranten sind die Eigenschaften einer Person einsortiert (siehe Abbildung 51): oben die Eigenschaften, die andere wahrnehmen, unten die, die andere nicht sehen; links die, die man selbst kennt, rechts die, die man selbst an sich nicht sieht. Vieles, was einen Menschen ausmacht und seine Beziehungen zu anderen beeinflusst, ist den Beteiligten selbst nicht bewusst, es liegt im Bereich „Unbekanntes" (Rechteck unten rechts).

Wenn es gelingt, den Quadranten oben links durch Reflexion und Verinnerlichung zu ehrlichen Feedbacks über die eigene Person zu vergrößern, werden gute Voraussetzungen geschaffen, Beziehungen zu anderen im Sinne gemeinsamer Zielumsetzungen zu verbessern.

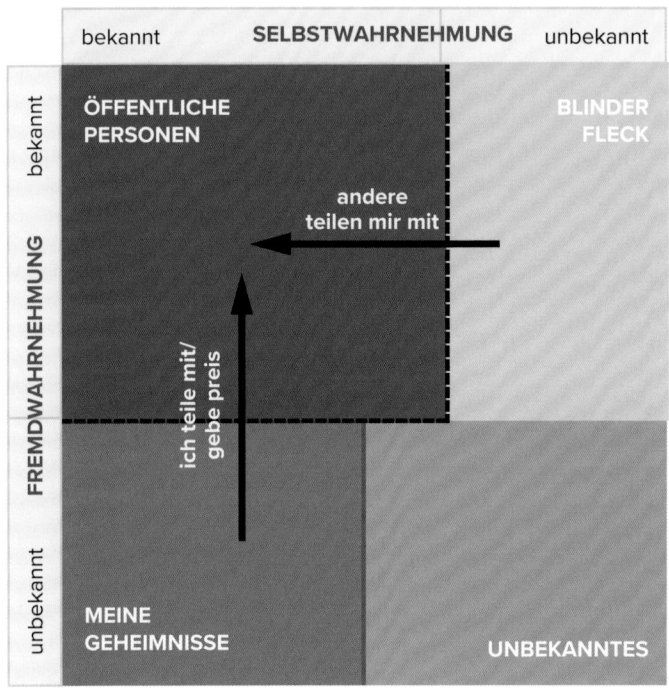

Abbildung 51: Zusammenhang Selbst- und Fremdwahrnehmung in Anlehnung an [37]

■ Anwendung: Unabhängig von jeder Ausprägung eines Strategieprojektes ist es sehr empfehlenswert, sich mit der Johari-Methode vertraut zu machen. Aus Sicht des Autors ist die realistische Selbsteinschätzung eine der wichtigsten Voraussetzungen überhaupt, um im Dialog und in der Zusammenarbeit mit anderen Personen Erfolg zu haben.

STAKEHOLDERANALYSE

Strategien werden von Menschen beauftragt, gelenkt, beeinflusst und beurteilt. Die Methode der Stakeholderanalyse ist ein Muss für erfolgreiche Strategiearbeit.

Unter einer Stakeholderanalyse wird die systematische Ermittlung von Interessenträgern — *stakeholder* — sowie deren Einfluss auf eine bestimmte Entscheidung verstanden. Stakeholder sind alle Individuen, gesellschaftlichen Gruppen oder Institutionen, die von einer bestimmten Maßnahme direkt/indirekt, positiv/negativ betroffen sind und/oder ein sonstiges Interesse an ihr haben. Die Stakeholderanalyse stellt eine Erweiterung der Umweltanalyse dar und bildet die Basis für eine optimierte Interaktion von Unternehmen oder Organisationen mit den Bezugsgruppen. Typische Stakeholder eines Unternehmens sind beispielsweise Kunden, Mitarbeiter und Gewerkschaften, Investoren/Aktionäre, Zulieferer, Wettbewerber oder Verbände [38].

In Abbildung 52 ist beispielhaft dargestellt, wie unterschiedliche Stakeholder nach Interesse und Einfluss zugeordnet werden können. Von besonderer Wichtigkeit sind Stakeholder, die ein hohes Maß an beidem haben. Diesen Personen/Gruppen ist hohe Aufmerksamkeit zu schenken. In der Grafik können darüber hinaus Beziehungen zwischen den Personen dargestellt werden, die je nach Ausprägung nutzbar sind, um die Zielerreichung zu beeinflussen.

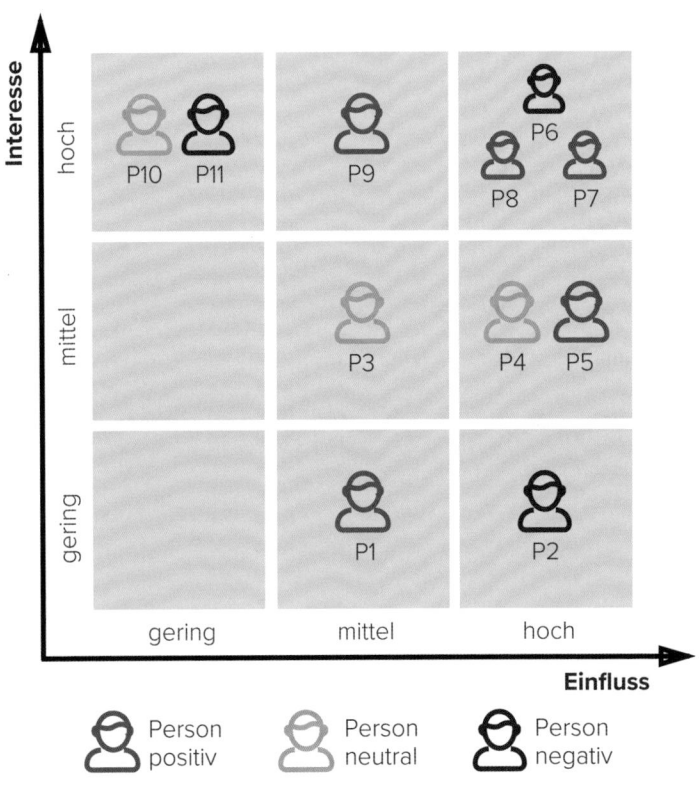

Abbildung 52: Beispiel für die Auswertung einer Stakeholderanalyse

■ Anwendung: Die Frage, wer welches Interesse und welchen Einfluss auf ein Strategieprojekt hat, sollte bereits zu Beginn eines Projektes geklärt werden. Da sich Situationen und Randbedingungen ändern, muss diese Frage immer wieder auf dem Radarschirm auftauchen, vor allem vor wichtigen Entscheidungen.

SWIMLANE-DIAGRAMM

Das Swimlane-Diagramm dient dazu, die Zusammenarbeit von handelnden Personen, Teams oder Abteilungen auf einen Blick darzustellen. Dafür werden Zuständigkeitsbereiche identifiziert/definiert und ihnen jeweils ein horizontaler Aktivitätsbereich zugewiesen, die sogenannte *swimlane*.

Die einzelnen Aktivitäten/Prozessschritte sind in der notwendigen Granularität in Rechtecken beschrieben und den Swimlanes zugeordnet. Der Fluss von Informationen innerhalb und zwischen den Swimlanes wird durch Pfeile dargestellt. Der Zeitstrahl verläuft von links nach rechts. Das Swimlane-Diagramm eignet sich auch zur Strukturierung von Ist- und Soll-Prozessen.

Entscheidungspunkte werden anhand einer Raute dargestellt. Der Informationsfluss erfolgt, ob Bedingungen erfüllt sind oder nicht. Verbinden sich mehrere Pfeile, kann es hilfreich sein, die Verknüpfung zu detaillieren — eine Gesamtaussage ist wahr, wenn:

- UND-Verknüpfung: beide Inputs sind wahr;
- ODER-Verknüpfung: mindestens einer der beiden Inputs ist wahr;
- XOR-Verknüpfung: genau eine Aussage ist wahr.

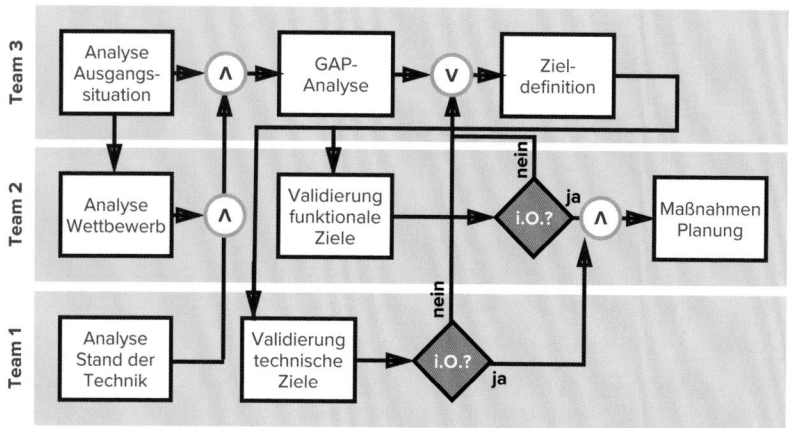

Abbildung 53: Beispiel für ein Swimlane-Diagramm

■ Anwendung: Die Swimlane-Methode eignet sich bei größeren Vorhaben und ist über alle Phasen des Strategieprojektes sinnvoll. Sie lässt sich sehr gut mit der RASIC-Methode kombinieren. Ihre Anwendung ist in Abbildung 53 dargestellt.

SWOT-ANALYSE

Eine gängige und beliebte Methode für Strategiearbeit ist die SWOT-Analyse (**S**trengths **W**eaknesses **O**pportunities **T**hreats). Ihre Anwendung kommt zum Einsatz, wenn eine Ausgangssituation möglichst umfassend und differenziert darzustellen ist und wenn Handlungsschwerpunkte abzuleiten sind. Die Inhalte sollten in Workshops oder Interviews ermittelt oder aus vorhandenen Unterlagen direkt erarbeitet werden.

Die Zuordnung der Informationen zur Ausgangssituation erfolgt zu den Themenfeldern (siehe Abbildung 54):

- **Stärken** — *strengths:* sie sind als Differenzierung zum „Wettbewerb" zu nennen. Wettbewerb ist hier auch im abstrakten Sinne zu verstehen, also z.B. gegenüber dem Stand der Technik.
- **Schwächen** — *weaknesses:* sie sind ehrlich einzuschätzen, da sie für die Zielsetzung des Vorhabens und die Routenwahl eine Rolle spielen.
- **Chancen** — *opportunities:* sie sind zu identifizieren und nach Eintrittswahrscheinlichkeit zu priorisieren. Eventuell müssen Maßnahmen festgehalten werden, um Chancen gezielt herbeizuführen.
- **Bedrohungen/Risiken** — *threats:* sie sind zu identifizieren und ebenfalls bzgl. ihrer Eintrittswahrscheinlichkeit zu priorisieren und darzustellen. Wenn sie erfasst und realistisch eingeschätzt werden, lassen sich wirksame Maßnahmen zur Abwendung festlegen.

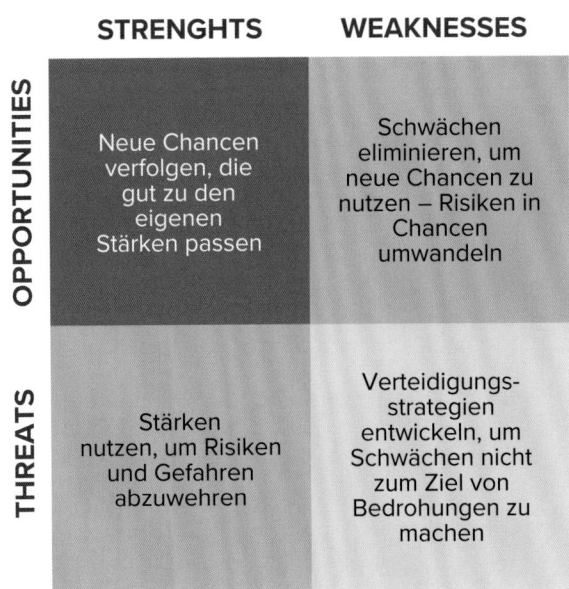

Abbildung 54: Grafische Darstellung der SWOT-Analyse (in Anlehnung an [39])

■ Anwendung: Die SWOT-Analyse sollte immer am Anfang eines Strategieprojekts durchgeführt werden. Ein guter Start für die Bestimmung strategischer Ziele und die Festlegung von Maßnahmen zur Zielerreichung wird in Kombination mit einer GAP-Analyse erreicht.

WIRKBEREICHSANALYSE

Eine spezielle Methode, die Komplexität von Aufgaben oder Systemen zu reduzieren, ist die Wirkbereichsanalyse mit Festlegung von Wirkbereichsgrenzen und der Zuordnung von abgegrenzten Bereichen (siehe Abbildung 55).

Die Wirkbereichsanalyse dient zur Feststellung, welche Maßnahmen welchen Nutzen haben. Es geht darum, Maßnahmenpakete zu schnüren, die auf die jeweilige Aufgabe/Zielgruppe abgestimmt sind, um möglichst effizient zu sein. Damit können weniger wirksame „Gießkannenlösungen" vermieden werden — es gibt spezielle Maßnahmen für kleine Gruppen oder allgemeingültige Maßnahmen für eine große Zielgruppe.

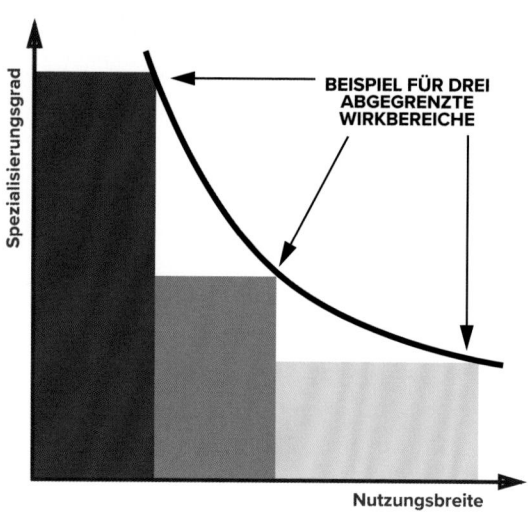

Abbildung 55: Prinzip der Wirkbereichsanalyse

■ Anwendung: Die Wirkbereichsanalyse ist eine Methode, die bei der Lösungsfindung zum Einsatz kommen kann. Speziell bei sehr komplexen Aufgabenstellungen hilft sie, „den Elefanten in Scheiben zu schneiden". Die Anwendung kann also während der Zielfindung oder der Maßnahmenfestlegung erfolgen.

WOOP-METHODE

WOOP steht für **W**ish **O**utcome **O**bstacle und **P**lan — also Wunsch, Ergebnis, Hindernis und Plan. Die von Gabriele Oettinger [40] entwickelte Methode basiert darauf, sich schon bei der Zieldefinition möglichst alle „Hindernisse" vorzustellen und sich Maßnahmen zur Überwindung zu überlegen. Sollten trotzdem Hindernisse auftreten, so sind dann bereits Präventionsmaßnahmen getroffen. Die WOOP-Methode kann als „konstruktiver Optimismus" bezeichnet werden, weil abstrakte Ziele mit konkreten Schritten verknüpft werden. In Verbindung mit dieser Methode sind drei „Wenn-dann-Pläne" zu formulieren:

- Plan 1: Hindernissen vorbeugen;
- Plan 2: Hindernisse überwinden;
- Plan 3: gute Gelegenheiten zum Handeln definieren.

Wer von vornherein einplant, dass es anstrengend ist, sein Ziel zu erreichen, hält länger durch. Die WOOP-Methode setzt sich primär mit der eigenen Motivation auseinander [41].

Wish	Outcome	Obstacle	Plan
W	**O**	**O**	**P**
Welches Ziel möchte ich erreichen?	Wie wäre es, wenn ich das Ziel erreiche?	Welche Hindernisse stehen dem Ziel im Weg?	Wie kann ich das Hindernis überwinden?

Abbildung 56: Übersicht zur Anwendung der WOOP-Methode

- Anwendung: Die WOOP-Methode eignet sich für strategisches Denken und Handeln im kleineren Rahmen und ist eine Vorgehensmethode.

BEISPIELE AUS DER PRAXIS

BEISPIELE AUS DER PRAXIS

Wie eingangs bereits ausgeführt, gibt es kein Patentrezept für die „richtige" Strategie. Es hängt von der Zielsetzung und den gegebenen Randbedingungen ab, wie eine Strategie und mögliche Alternativen gestaltet werden und welcher Strategieansatz am Ende am erfolgversprechendsten erscheint. In den Kapiteln zuvor werden die Grundelemente einer Strategie beschrieben und die Anwendung mit praktischen Tipps erläutert. Jetzt soll anhand von Beispielen aufgezeigt werden, wie der Autor im jeweiligen Anwendungsfall die Strategie und das Vorgehen konfigurieren und gestalten würde. Diese Beschreibungen erheben keinen Anspruch auf direkte Übertragbarkeit und Anwendbarkeit in anderen Situationen. Sie sind lediglich Anregungen, wie vorgegangen werden könnte.

BEISPIEL „GEHALTSERHÖHUNG": EIN STRATEGIEPROZESS NACH DER WOOP-METHODE AUS DER PRAXIS

Dieses konkrete Beispiel soll das Vorgehen erläutern, das darauf abzielt, eine Gehaltserhöhung zu bekommen. Als Vorgehensmethode eignet sich die WOOP-Methode, da es sich um ein kleineres überschaubares Vorhaben, das überwiegend selbst zu gestalten und durchzuführen ist, handelt.

Das „Strategie-Tableau" aus diesem Buch kommt auch bei der WOOP-Methode mit seinen 7 Grundelementen (Vision/Ziel, Informationen, Vorgehen, Ressourcen, Zeit, Methodik sowie strategisches Denken und Handeln) zum Einsatz.

1. Ziel
Der Wunsch nach einer Gehaltserhöhung besteht sicher bei den meisten Arbeitnehmern.

Bevor das Vorgehen überlegt wird, muss klar sein, wie realistisch der Wunsch ist und in welchem Zeitraum das Ziel erreichbar ist. Für diese Einschätzung müssen einige elementare Informationen vorliegen (siehe unten).

Bei dem WOOP-Ansatz ist es wichtig, sich mit der Zielbeschreibung vorzustellen, was geschieht, wenn das Ziel erreicht wird. Durch die konkrete Vorstellung soll die Motivation für die Zielerreichung noch gesteigert werden. In unserem Beispiel könnte mit einer Gehaltserhöhung die Möglichkeit der Anmietung einer neuen Wohnung verbunden sein.

2. Information

Zur Beurteilung, wie realistisch Ziel und Umsetzbarkeit sind, ist zu überlegen, welche Informationen maßgeblich Einfluss haben. Beispielsweise könnten folgende Fragen wichtige Antworten geben:

- Wie werde ich von meinem Chef eingeschätzt?
- Wie schätzt mich mein Projektleiter ein?
- Wie wird meine Arbeit von Kunden oder anderen Fachabteilungen eingeschätzt, gibt es zitierbare positive Feedbacks?
- Wo stehe ich im Leistungsgefüge meines Teams?
- Welche Gehälter werden in meiner Branche und mit meiner Berufserfahrung am Markt bezahlt? (Am besten wäre es, das Gehalt eines vergleichbaren Kollegen zu kennen, das verleiht Selbstbewusstsein bei der Argumentation — es sollte jedoch nur im Sinne einer Orientierung im „Hinterkopf" behalten werden. Eine direkte Argumentation ist nicht ratsam, sie signalisiert keine Vertrauenswürdigkeit.)
- Welche besonderen Leistungen habe ich erbracht, die eine Erhöhung rechtfertigen?
- Wann finden die nächsten Gehaltsdiskussionsrunden bei meinen Chefs statt?
- Wer entscheidet bei einer Gehaltserhöhung mit?
- Welchen Betrag stelle ich mir vor und wie kann ich argumentieren?

3. Zeit

Die Zeit spielt bei dem Vorgehen eine entscheidende Rolle. Bleibt wenig Zeit bis zur Gehaltsdiskussion, muss anders agiert werden, als wenn noch monatelang Zeit gegeben ist. Neben der verfügbaren Zeit gilt es, den optimalen Zeitpunkt zu finden, um den Wunsch zum Ausdruck zu bringen. Nach der WOOP-Methode ist die Planung von Handlungen zu günstigen Gelegenheiten vorgesehen.
Ein Gespräch zum falschen Zeitpunkt und unter ungünstigen Randbedingungen kann schnell das Aus einer Gehaltserhöhung bedeuten. Eine Auflistung guter Zeitpunkte hilft, das Vorgehen darauf abzustimmen.
In unserem Beispiel verbleiben nur wenige Wochen bis zur Gehaltsdiskussion der Vorgesetzten. Ein vertrauliches „Vieraugengespräch" nach einem erfolgreichen Tag und bei guter Laune des Chefs wäre eine gute Möglichkeit.

4. Vorgehen

Die Argumentation für eine Gehaltserhöhung kann hier nur auf Basis der kurzfristig beschaffbaren Informationen aufgebaut werden. Die Informationsbeschaffung hat damit höchste Priorität.
Die Argumentation sollte emotionsfrei, nachvollziehbar und realistisch sein. Strategisch nachhaltig sind Argumente, die für die Zielerreichung keine Umfeldbelastungen darstellen, d.h. weder der Chef wird unter Druck gesetzt, noch werden Kollegen schlecht gemacht.
Im Rahmen der *Worst-case*-Betrachtung muss davon ausgegangen werden, dass eine Gehaltserhöhung zum nächstmöglichen Termin nicht klappt.
Die Argumentation sollte daher so aufgebaut sein, dass sie den Weg für eine Erhöhung zumindest zum übernächsten Termin freimachen und unterstützen kann.

Die WOOP-Methode sieht vor, über mögliche Hindernisse und deren Überwindungsmöglichkeiten nachzudenken. Hindernisse wären in diesem Fall:

1. Das Budget erlaubt keine Erhöhung.
2. Der übernächste Chef oder Personen, die mitbestimmen, werden einer Erhöhung nicht zustimmen.
3. Die persönlichen Leistungen reichen noch nicht aus.
4. Der Chef steht einem nicht positiv gegenüber und will aus persönlichen Motiven keine Erhöhung geben.

Lösungsansätze hierzu:

zu 1.: sich das Commitment geben lassen, dies dann unterjährig nachzuholen bzw. wenigstens für das nächste Jahr vorzusehen;

zu 2.: mit dem Chef darüber sprechen, welche Bedenken von dritter Seite vorliegen und wie sie ausgeräumt werden können;

zu 3.: Zielvereinbarungen einfordern, die messbaren Größen für die Voraussetzungserfüllung definieren;

zu 4.: mit dem Chef offen über den gewonnenen Eindruck sprechen und Interesse an einem guten Verhältnis bekunden. Wenn keine Aussicht auf ein besseres Verhältnis besteht, einen gut überlegten Wechsel in Betracht ziehen.

Vorbeugende Maßnahmen nach der WOOP-Methode:

- besonderen Einsatz zeigen und geschickt kommunizieren (tue Gutes und rede darüber!);
- gute Gesprächsvorbereitung, z.B. ein Referenzgehalt zu vergleichbarer Tätigkeit/Position in der Branche recherchieren;
- eventuell kann ein positives Feedback von Kunden oder von Vorgesetzten/Kollegen aus anderen Fachabteilungen dem Chef zugetragen werden;
- den Wunsch nach Erhöhung dem Chef schon vorab indirekt signalisieren (z.B. über Personen, die ein gutes Verhältnis zum Chef und zu einem selbst haben);

- den Chef bei günstigen Gelegenheiten seine Erwartungen direkt oder angedeutet wissen lassen;
- mögliche andere Stellen im Unternehmen oder außerhalb prüfen und Veränderungsmöglichkeiten ausloten.

5. Ressourcen

Bei der Vorbereitung und Durchführung ist jeder auf sich selbst angewiesen. Kunden, Kollegen oder Vorgesetzte aus anderen Fachbereichen können gegebenenfalls argumentative Unterstützung leisten. Empfehlenswert ist, dies nur indirekt oder in bescheidenem Maße anzuwenden, um den Chef nicht „unter Druck" zu setzen.

6. Methoden

Für die Informationsbeschaffung empfiehlt sich das Prinzip der Mehrperspektivität [23] — der Wunsch nach einer Gehaltserhöhung wird aus verschiedenen Perspektiven betrachtet. So kann sich auf Fragen und Aussagen Dritter vorbereitet werden. Die SWOT-Analyse in Verbindung mit der Methode der Selbstwahrnehmung führt dazu, ein realistisches Bild der eigenen Stärken/Schwächen zu gewinnen und diese Informationen im Gespräch geschickt einfließen zu lassen.

7. Strategisches Denken und Handeln

Diese Empfehlungen sind relevant:

- langfristig denken (schon den nächsten Schritt im Auge haben);
- „vom Ende her denken": Was passiert, wenn mein Wunsch abgelehnt wird? Wie verhalte ich mich, wenn mir eine Erhöhung in Aussicht gestellt wird?
- beim Vorgehen keine Flurschäden anrichten, nicht mit „der Brechstange" vorgehen;
- schon rechtzeitig persönliche Erwartungen durchblicken lassen;
- günstige Gelegenheiten für ein Gespräch abwarten bzw. einfädeln (gute eigene Leistung, gute Stimmung, gute Auftragslage);
- offenes Feedback einfordern, um weiteres Handeln darauf auszurichten;

Zusammenfassung
In dem oben beschriebenen Beispiel wird aufgezeigt, wie eine gewünschte Gehaltserhöhung angegangen werden kann. Entscheidend ist, sich vor dem Handeln bestens zu informieren (vgl. Kapitel: Informationen).

André Beaufré, französischer Strategietheoretiker, 20. Jh.:
„Die Vorbereitung ist wichtiger geworden als die Ausführung."

Wenn alle relevanten Informationen vorliegen und begleitende Maßnahmen gestartet wurden, kann das Gespräch mit dem Chef stattfinden — jedoch keinen „Kampf" gegen den Chef führen, denn den verliert man in der Regel immer (vgl. Kapitel: Vision, Zielrichtung und Ziele).

Epiktet, griechischer Philosoph, 1. Jh. n. Chr.:
„Lass Dich nie in einen Wettkampf ein, in dem zu siegen nicht in Deiner Macht steht."

Wird trotz einer realistischen positiven Selbstbewertung keine konstruktive Lösung mit dem Chef gefunden und ist diese Situation inakzeptabel, sollte ein neuer Job mit besseren Perspektiven angestrebt werden. Ist eine neue Anstellung in Aussicht, kann nochmals mit dem Chef gesprochen werden, vorher nicht.

Das Vorgehen bei Entwicklung und Umsetzung ist iterativ. Die unterschiedlichen Aspekte für die Strategie werden in den Aktivitätenfeldern 1 bis 5 bearbeitet. Die Zyklen a, b und c, die die Aktivitäten durchlaufen, dienen der Anpassung und Verfeinerung der Strategie (z.B. 1b ist die Detaillierung/Anpassung des in 1a beschriebenen Ziels). Von dem ersten Ziel (1a), dem Wunsch nach einer Gehaltserhöhung bis zum fertigen Gesprächskonzept (2c) mit dem Chef, geht es mehrfach hin und her, bis das Konzept stimmig ist und die beste Aussicht auf Erfolg besteht.

BEISPIELE AUS DER PRAXIS

Sehr früh wird die WOOP-Methode ausgewählt und das Vorgehen (2a) daran ausgerichtet. Das Prinzip der Zielanpassung (1b) ist hier relevant, da das Ziel in dem geplanten Zeitraum nicht erreichbar ist. In diesem Fall werden Argumente entwickelt und ein alternatives Vorgehen (2b) geplant, um wenigstens eine Gehaltserhöhung im Folgejahr zu erhalten. Nach Informationsbeschaffungen (3b) und unter Berücksichtigung des veränderten Zeitraums (4b) muss das Vorgehen neu angepasst werden (2c). Diesmal wird Hilfe durch Dritte fest mit in das Vorgehen eingeplant (5c).

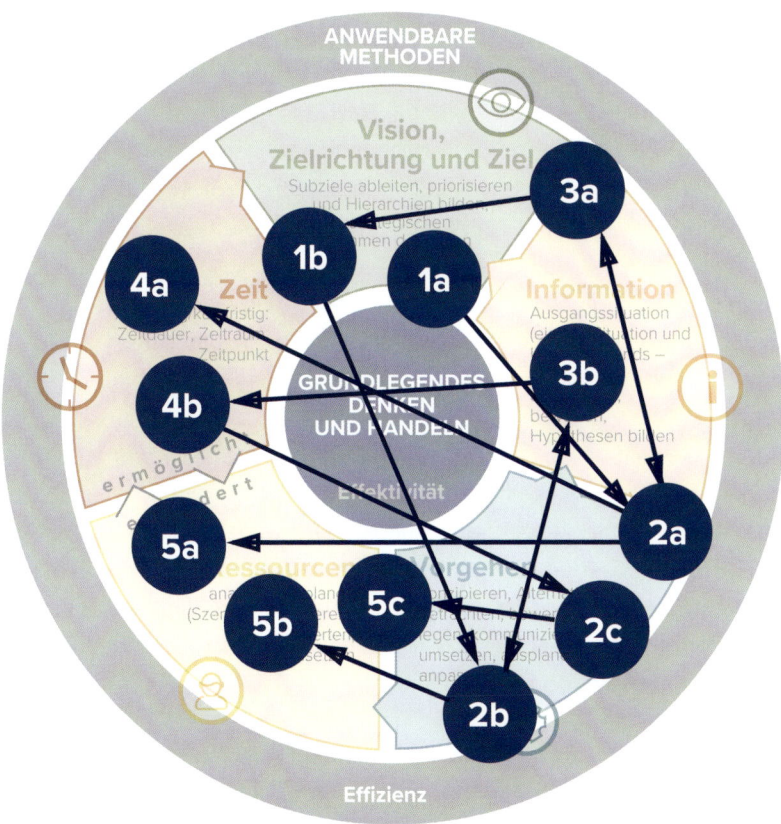

Abbildung 57: Iteratives Vorgehen bei der Entwicklung einer Strategie am Beispiel Gehaltserhöhung

Fazit: Es ist gut erkennbar, wie sich die Strategie aus den Elementen des Strategie-Tableaus aufbaut (siehe Abbildung 57) und es gilt: **Die anwendbaren Methoden sind maßgeblich für die Effizienz beim Vorgehen — Denken und Handeln sind maßgeblich für die Effektivität der Umsetzung!**

BEISPIEL „IT-SYSTEM AUSWAHLSTRATEGIE": EIN SEQUENZIELLER STRATEGIEPROZESS

Nachfolgend geht es um eine passende Strategie für die Auswahl eines neuen IT-Systems. Die Ausgangssituation ist, dass in den verschiedenen Abteilungen eines größeren Unternehmens für gleiche Aufgaben unterschiedliche Systeme zum Einsatz kommen. Die eine Abteilung verwendet ein Spezialsystem für die Datenverarbeitung, die andere nutzt dafür lediglich das Standard Office Tool Word und wieder eine andere arbeitet mit dem Office Tool Excel. Die Gestaltung durchgängiger Prozesse soll auf Basis eines einheitlichen Systems erfolgen. Für die Fachabteilungen bedeutet die Einführung eines neuen Systems, bisherige Arbeitsmethoden gegen neue einzutauschen und in der Übergangszeit Mehrarbeit in Kauf zu nehmen.

Für die Gestaltung des Vorgehens orientieren wir uns wieder an dem Strategie-Tableau mit seinen 7 Grundelementen. Es empfiehlt sich, das Konzept zur Strategie mit den wichtigsten Punkten schriftlich festzuhalten. Dieses Vorgehen zwingt zum besseren Durchdenken, bringt mit der Formulierung der einzelnen Punkte Klarheit und Stimmigkeit in das Gesamtkonzept und ist gleichzeitig Kommunikationsgrundlage. Folgende Punkte sind festzuhalten:

1. Ziel
Das Ziel ist die Schaffung durchgängiger IT Prozesse.

In Versuch, Produktionsvorbereitung, Produktion und Vertrieb sollen Produktinformationen, die in den verschiedenen Abteilungen der Entwicklung und im Marketing erfasst werden, in einem einzigen System erstellbar, abrufbar und auswertbar sein. Ein preiswertes System soll ausgesucht werden, das die wichtigsten Funktionen der verschiedenen Anwendungen abdeckt, anwenderfreundlich ist und durch die Unterstützung von Standards leicht in die existierende Systemlandschaft integriert werden kann. Der Umstieg auf das neue System muss zeitgleich erfolgen und von den Fachabteilungen positiv unterstützt werden.

2. Vorgehen
Nach Klärung des Ziels, der Ausgangssituation und anderen Randbedingungen ist offensichtlich, dass die Strategieumsetzung als zeitlich befristetes Projekt zu organisieren ist.
Aufgrund der Vielzahl unterschiedlicher Fachabteilungen ist ein Vorgehen ratsam, bei dem die Auswahl des Systems nur unter Einbeziehung und in enger Abstimmung mit den Fachabteilungen und den relevanten Stakeholdern durchgeführt wird. Eine Stakeholderanalyse ist ratsam. Beim Abstimmungsprozess ist zu beachten, dass die Interessenslagen unterschiedlich sind. Während einige Abteilungen durchaus von einem durchgängigen System profitieren, müssen andere zunächst Mehraufwand betreiben, ohne einen Vorteil zu haben.
Der Vorschlag für eine Systemauswahl sollte daher durch einen Benchmark, an dem alle betroffenen Fachabteilungen beteiligt sind, erfolgen. Auf Basis der Benchmarkergebnisse, betriebswirtschaftlicher und IT-technischer Bewertungen ist mindestens ein Workshop zu empfehlen. Mit einem kompetenten Moderator lassen sich unterschiedliche Sichten sehr gut konsolidieren.
Ein möglicher Ablauf hierzu ist in Abbildung 58 dargestellt.

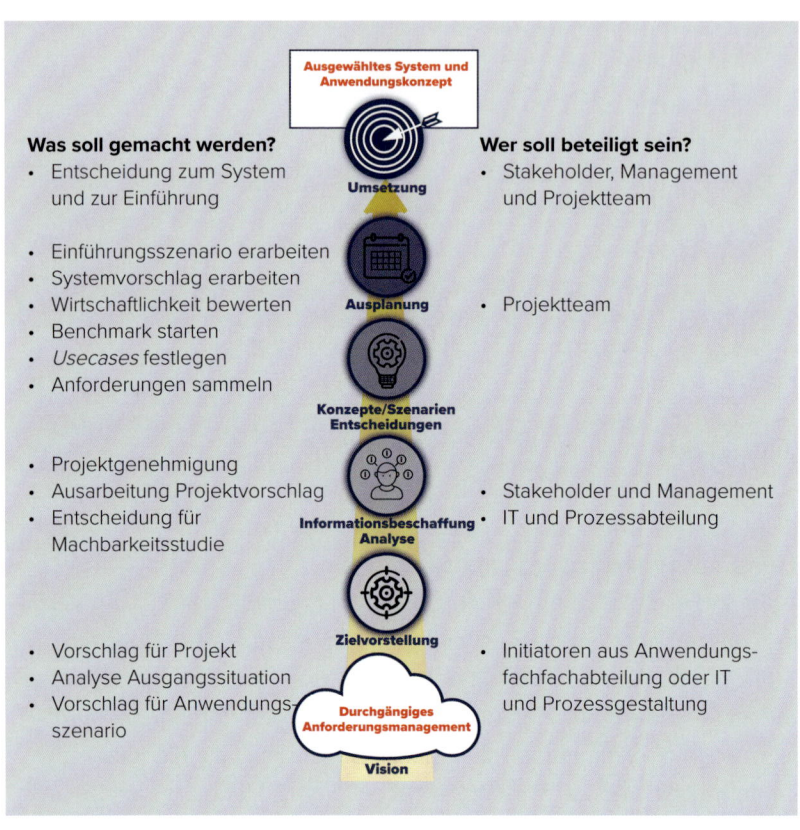

Abbildung 58: Sequenzielles Vorgehen am Beispiel IT Systemauswahl

3. Informationen

Für die Ausgestaltung der Strategie sind zu diesen Themenfeldern Informationen notwendig:

1. zur Ausgangssituation;
2. zum Ziel;
3. zu den benötigten und verfügbaren Ressourcen;
4. zu möglichen Vorgehensweisen;
5. zum Durchführungszeitpunkt und zur Umsetzungsdauer;
6. zur Vorbereitung des Entscheidungsprozesses.

Die dazugehörenden Fragen sind:

1. Ausgangssituation
- Wie sieht die Anwendung in allen relevanten Fachabteilungen aus bzgl. Stärken, Schwächen, Chancen und Risiken (mittels SWOT-Analyse)?
- Wer sind die Hauptanwender?
- Welche System- und Nutzungsanforderungen gibt es seitens der Anwender, welche seitens der IT-Abteilung?

2. Ziel: Prozessoptimierung
- Was soll optimiert werden (z.B. mittels GAP-Analyse und Chancen aus SWOT-Analyse)?
- Welche Effekte sollen erreicht werden?

2. Ziel: Technik und Markt
- Was ist Stand der Technik, welche Systeme gibt es?
- Welche Systeme sind in die bestehende Landschaft integrierbar?
- Welche Referenzen/Erfahrungen gibt es?
- Welche Systeme setzen Wettbewerber ein?

2. Ziel: Betriebswirtschaft
- Mit welchen Kosten ist zu rechnen (Lizenzen, Betriebskosten und Einsparungseffekte)?
- Wie hoch sind die Schulungsaufwände und Einführungskosten?
- Bei wem werden welche Einsparungen erzielt, bei wem Mehraufwände, z.B. mittels einer Nutzwertanalyse?

3. Ressourcen
- Welche Projektmittel werden benötigt (inkl. Fremd- und Eigenleistungen)?
- Wie viel Unterstützung wird von den Fachbereichen benötigt?
- Welche Key-User sollten eingebunden werden?
- Ist externe Beratungsleistung notwendig, wenn ja: Wer hat die richtige Kompetenz?

4. Vorgehen
- Wie sieht die passende Projektorganisation aus?
- Wann ist ein optimaler Zeitpunkt?
- Wer übernimmt die Projektleitung?
- Wie setzt sich ein Projektsteuerkreis zusammen?

5. und 6. Entscheidungsprozess
- Wer sind die Stakeholder?
- Für wen sind welche Argumente bzgl. einer Entscheidung ausschlaggebend?
- In welchem Zeitraum muss eine Entscheidung getroffen werden?

4. Ressourcen
Bei der Ressourcenbeschaffung ist Wert darauf zu legen, dass Kapazitäten aller betroffenen Fachabteilungen mit entsprechendem Know-how bereitgestellt werden. Darüber hinaus ist es auf jeden Fall ratsam, auf Experten zurückzugreifen, die bereits Erfahrung bei der Auswahl, Einführung und Anwendung solcher Systeme sammeln konnten. Beratungskosten sind lohnend, wenn dadurch nur eine teure Fehlentscheidung vermieden werden kann.

5. Zeit
Nachdem viele Manager und Stakeholder in die Abstimmungsprozesse eingebunden werden müssen, ist eine Terminplanung mit langem Vorlauf notwendig. Entscheidungen in Urlaubszeiten oder kritischen Terminsituationen gilt es zu vermeiden. Die Termine sollten zuerst mit der ranghöchsten Führungskraft abgestimmt werden. Dieses Vorgehen hilft, auch bei anderen Teilnehmern entsprechende Terminzusagen zu bekommen. Zieltermine müssen immer rechtzeitig und mit Nachdruck kommuniziert werden.

6. Methoden

In dem Beispiel können mehrere Methoden zur Anwendung kommen, die helfen, das Strategieprojekt wirkungsvoll zu gestalten und effizient umzusetzen:

- die SADT- und GAP-Methode zur Analyse der Ausgangssituation und Schärfung der Zielsetzung;
- die Stakeholder-Analyse, um die unterschiedlichen Interessenslagen einschätzen und nutzen zu können;
- die Nutzwertanalyse bei der Systemauswahl;
- die RASIC-Methode für die Festlegung von Rollen und Verantwortungen im Projektteam;
- die Swimlane-Methode zur Festlegung von Projektabläufen und Entscheidungspunkten;
- die SADT-Methode zur Prozessanalyse und Bestimmung möglicher *use cases;*
- das Eisenhower-Prinzip für die tägliche Projektarbeit.

7. Strategisches Denken und Handeln

Die größte Herausforderung bei diesem Strategiebeispiel besteht darin, die unterschiedlichen Interessen unter einen Hut zu bekommen. Die Aufgabe sollte nicht unterschätzt werden — je mehr Teilnehmer/Betroffene, desto unterschiedlicher die Interessen, die konsolidiert werden müssen. Nicht selten scheitern Strategieumsetzungen genau an diesem Thema.

Schon zu Projektbeginn sollte eine Stakeholderanalyse gestartet werden. Auf der Fachebene sollten ebenfalls Positionen eingeschätzt und Maßnahmen ergriffen werden, wenn sich kontraproduktives Verhalten zeigt. Viel Fingerspitzengefühl ist gefragt — der Projektleiter muss wissen, wie die Beziehungen zu jedem und zwischen den Beteiligten im Projekt aussehen. Die Zusammenarbeit mit Personen, zu denen ein „belastetes" Verhältnis existiert, sollte über Dritte wahrgenommen werden. Allianzen mit Personen, die den größten Einfluss auf die Strategieumsetzung haben, sind erstrebenswert.

Zusammenfassung

Es werden Anregungen gegeben, wie eine Strategie zur Auswahl und Einführung eines Systems für einen durchgängigen Produktdaten-Management-Prozess zu gestalten und umzusetzen ist.

Die erfolgskritische Aufgabe in diesem Beispiel ist es, die unterschiedlichen Interessenslagen zu erkennen und beim Vorgehen zu berücksichtigen. Gleichzeitig werden Informationen zu Systemen benötigt, zu denen es bisher wenig Know-how im Unternehmen gab — die Informationsbeschaffung und die Nutzung von externem Fachwissen ist hierbei ratsam.

Yamamoto Tsunetomo, japanischer Militärstratege, 17. Jh.:
„Wenn all deine Entscheidungen auf deiner eigenen Weisheit basieren, tendierst du zur Eigennützigkeit und begehst Fehler ..."

Das Yamamoto Tsunetomo warnt, sich bei der Strategieentwicklung nur auf eigenes Wissen und eigene Erfahrungen zu verlassen. Wir werden ermutigt, einen ganzheitlichen Blick auf die Ausgangssituation zu werfen. In diesem Fall geht es nicht nur darum, die beste Systemfunktionalität zu identifizieren und ein System auszuwählen, es geht vor allem darum, alle Anwendungen zu verstehen und die Interessen der verschiedenen Stakeholder bei der Auswahl zu berücksichtigen.

Myamoto Musashi, japanischer Militärstratege, 17. Jh.:
„Lerne die Situation, in der du dich befindest, insgesamt zu betrachten."

Hier ist das Vorgehen klassisch sequenziell. Die unterschiedlichen Aspekte für die Strategie werden in den Aktivitätenfeldern 1 bis 5 bearbeitet.

BEISPIELE AUS DER PRAXIS

Nach der Zielvorgabe (1a) erfolgt die Ausarbeitung eines Planes unter Einbeziehung aller relevanten Fachabteilungen und der Auswahl hilfreicher Methoden (2a). Die Informationsbeschaffung (3a) konzentriert sich hauptsächlich auf die Analyse der Anwendungsprozesse, dem Verständnis zu den Verbesserungspotenzialen und den Systemfähigkeiten des auszuwählenden Systems. Die Ressourcen (4a) und die Zeit (5a) sind prinzipiell Resultierende aus dem gewählten Vorgehen. Durch die Vorgabe beider Größen könnte aber auch eine Anpassung des Vorgehens (2b) notwendig sein.

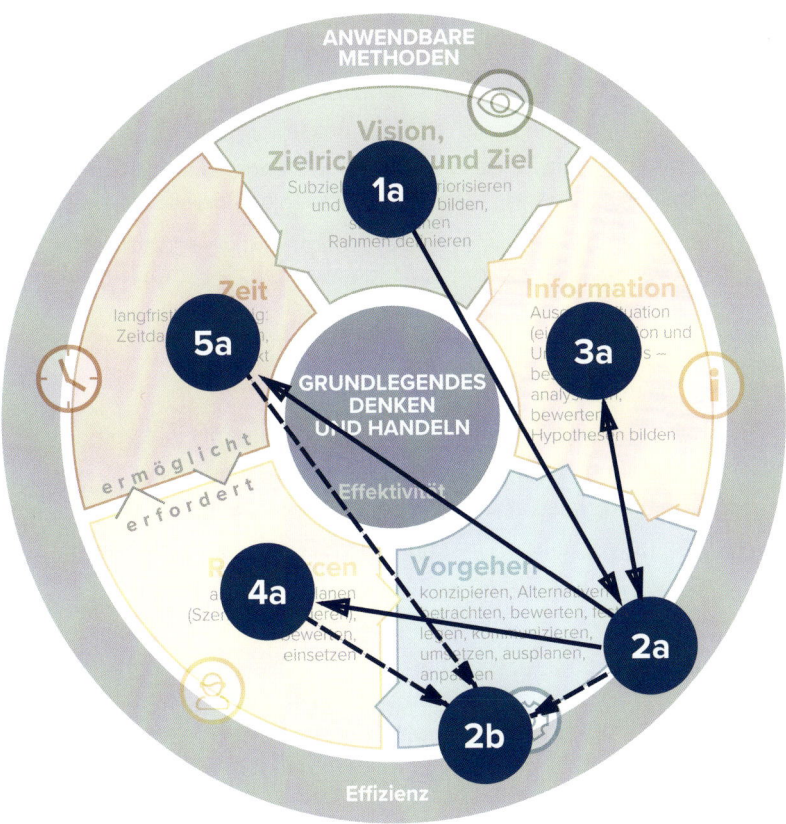

Abbildung 59: Vorgehen am Beispiel IT-System Auswahlstrategie

Fazit: Es ist wieder sehr gut erkennbar, wie sich die Strategie aus den Elementen des Strategie-Tableaus aufbaut (siehe Abbildung 59) und es gilt: **Die anwendbaren Methoden sind maßgeblich für die Effizienz beim Vorgehen — Denken und Handeln sind maßgeblich für die Effektivität der Umsetzung!**

BEISPIEL „REORGANISATION EINER FACHABTEILUNG": EIN SADT-BASIERTER STRATEGIEPROZESS

Dieses Beispiel zeigt, wie sich ein Strategieprozess auf Basis einer SADT-Vorgehensmethode aufbaut. Die Abteilungsleiterposition, die in einer Firma für Prozessoptimierungen zuständig ist, wird neu besetzt. Die neue Führungskraft muss mit einer passenden Strategie die Abteilung restrukturieren, sodass die Arbeitsergebnisse mehr Wirkung zeigen. Ihre erste Aufgabe besteht darin, herauszufinden, was nicht gut läuft und wie sie die Abteilung dementsprechend verändern sollte. Das Strategie-Tableau zur Konzeption einer passenden Strategie kommt auch hier zum Einsatz.

1. Ziel

Im Einstellungsgespräch wird dem Abteilungsleiter als Ziel vorgegeben, den Output der Abteilung in kurzer Zeit wirkungsvoller zu gestalten. In der Vergangenheit wurden Konzepte erarbeitet, die in der Umsetzung oft verpufften. Unabhängig von dieser einen Zielvorgabe wird eine gute Führungskraft weitere Ziele verfolgen und in ihre Strategie einflechten.

Wie im Kapitel „Strategisches Denken und Handeln" beschrieben, sollte sie folgende Punkte beherzigen:
- Klärung und Priorisierung der Erwartungen an ihre Person;
- schnelles Kennenlernen des Teams mit seinen Stärken und Schwächen als Voraussetzung einer stärkenorientierten Führung;

- Aufbau einer positiven Arbeitskultur und Förderung eines guten Teamspirits;
- Mitnahme und Motivation der Mannschaft bei der Neuausrichtung im Sinne viele Gewinner und möglichst keine Verlierer.

2. Vorgehen

Der neue Chef hat sich beispielsweise als Subziel vorgenommen, bei den anstehenden Veränderungen alle Mitarbeiter „mitzunehmen", d.h. intrinsisch zu motivieren. Es ist zu bedenken, dass sich meist auch die Mitarbeiter im Team befinden, die die unzureichenden Ergebnisse hervorgebracht haben. Es sollten in keinem Fall „Schuldige" gesucht werden, sondern Lösungsansätze zur Verbesserung der gesamten Abteilungsleistung.
Idealerweise wird von Anfang an eine kooperative Arbeitskultur und ein starker Teamspirit gefördert. Workshops und Team Events in einer positiven Atmosphäre, die nur mit den direkten Mitarbeitern durchgeführt werden, sollten dazu genutzt werden, den Teamgeist in einer offenen Diskussionskultur auszubauen.
Um die richtigen Maßnahmen zu entwickeln, muss im ersten Schritt die Ausgangssituation verstanden werden.

Hier kommt die SADT-Methode zum Tragen. Die Abteilungsfunktion mit den wichtigsten Aufgaben wird beschrieben sowie alle in diesem Zusammenhang relevanten Inputs, Outputs, Steuerungsgrößen und Hilfsmittel identifiziert und detailliert betrachtet.
In Abbildung 60 ist das SADT-Diagramm der Abteilung vereinfacht dargestellt. Mittels GAP-Analyse und mithilfe von Interviews wird in Workshops hinterfragt, ob die in Abbildung 60 jeweils dargestellte Größe (Pfeil) ausreichend ist oder ob Defizite vorhanden sind. Die gelb markierten Größen weisen Defizite auf, die blau markierten sind stimmig.

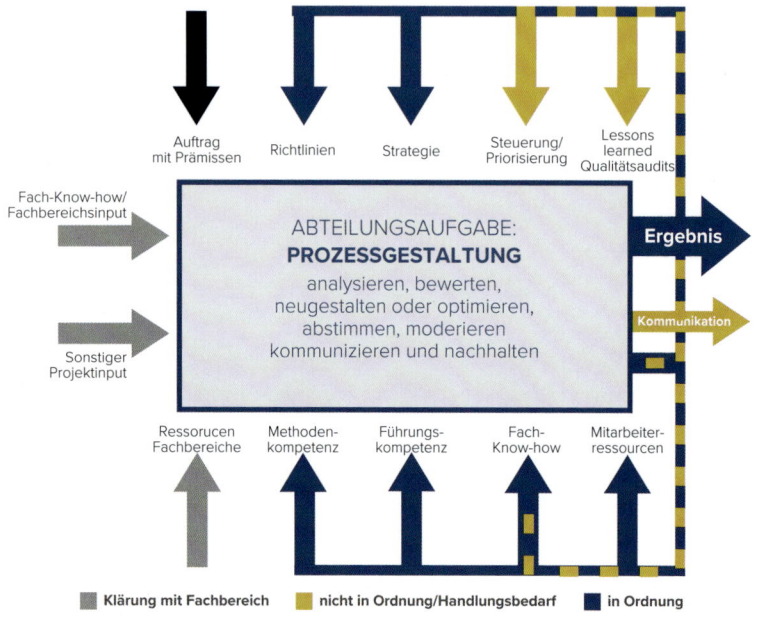

Abbildung 60: Beispiel der SADT-Analyse

Ausgangssituation

- Als Hauptursache werden eine mangelhafte Kommunikation und fehlende Erläuterungen zu den Outputs festgestellt — das beste Konzept taugt nichts, wenn es nicht verstanden wird.
- Auf Basis der 5-W-Methode gibt es die Erkenntnis, dass keine *lessons learned* durchgeführt wurden und somit keine richtige Priorisierung erfolgt ist.
- Eine weitere Problemursache besteht darin, dass Mitarbeiter mit unzureichenden Kommunikationskenntnissen/Fähigkeiten eingesetzt wurden.

Veränderungsziele

- Mitarbeiterschulung bzgl. professioneller Projektarbeit — Know-how-Aufbau;
- Verankerung der *lessons learned* in der Projektarbeit;
- Erarbeitung eines Kommunikationskonzepts bei Prozessänderungen;
- Stärkung der Kapazitäten für die Kommunikation;
- Priorisierung der Kommunikationsarbeit;
- Einsatz der Mitarbeiter nach ihren Stärken, z.B. mithilfe eines Stärkentests nach dem Gallup-Prinzip [27].

3. Informationen

Die Informationsbeschaffung dreht sich primär darum, offene und ehrliche Informationen zu den Fehlleistungen in der Vergangenheit und den Vorstellungen und Erwartungen zu einem deutlich wirksameren Output zu bekommen. Darüber hinaus muss hinterfragt werden, wie eine Abteilung nach dem Stand der Technik idealerweise aufgebaut sein sollte.

Diese Informationsquellen bieten sich an:

- zu Erwartungen: Fachabteilungen, Vorgesetzte, Mitarbeiter und Kollegen;
- zu Fehlleistungen in der Vergangenheit: Fachabteilungen;
- zu Erfahrungen aus der Vergangenheit: Vorgänger;
- zu Verbesserungsvorschlägen: Mitarbeiter;
- zur Methodik: Fachliteratur, Berater, Benchmarks.

Die Informationen sind mit Bedacht weiterzugeben. Einerseits muss schon bald das Umfeld informiert werden, dass eine Neuausrichtung in Vorbereitung ist, andererseits sollten die konkreten Maßnahmen erst kommuniziert werden, wenn sie von Vorgesetzten, Mitarbeitern und wichtigen Prozesspartnern für zielführend gehalten werden.

Die eigenen Mitarbeiter und der Vorgänger dürfen in keinem Fall schlecht gemacht werden, sonst kommt dies wie ein Bumerang zurück — so wird unnötige Energie bei der Abwehr von Rechtfertigungen und Zurückweisungen vermieden. Verbesserungspotenziale können genauso gut ohne Schuldzuweisungen aufgezeigt werden.

4. Zeit
Nach Übernahme einer neuen Abteilung gilt die „100-Tage-Regel", d.h. nach drei bis spätestens vier Monaten sind erste vorzeigbare Ergebnisse zu präsentieren. Dieses Ziel erfordert einen straffen Zeitplan und konsequentes Handeln. Ein Fehlstart ist nur schwer wieder auszubügeln. Das Gleiche gilt bei der Mitarbeiterführung. Es gelten die Grundsätze guter Führung, wie im Kapitel „Strategisches Denken und Handeln" beschrieben.

5. Ressourcen
Die Vorbereitung und Durchführung erfolgt mit der eigenen Abteilung. Lediglich für Interviews und Workshops ist die Einbeziehung von Kollegen und eventuell Vorgesetzten notwendig. Berater und Moderatoren können helfen, durch diese Restrukturierung zu führen. Vorsicht ist geboten, einen einzelnen Mitarbeiter in eine für alle sichtbare „Vertrauensposition" zu heben. Der Mitarbeiter kann dadurch schnell Probleme mit seinen Kollegen bekommen und sich für eine weitere vertrauensvolle Arbeit disqualifizieren. Besser ist es, ein „Change Team" zu etablieren, das den Prozess unterstützend mitgestaltet. In größeren Abteilungen oder Bereichen mit Unterstrukturen ist auf eine paritätische Besetzung zu achten.

6. Methoden
Für die Klärung der Erwartungshaltung empfiehlt sich das Prinzip der Mehrperspektivität. Die SADT-Methode in Verbindung mit einer GAP-Analyse ist ratsam, um die wichtigsten Stellgrößen für die Neustrukturierung zu identifizieren und geeignete Maßnahmen zuzuordnen.

In den Workshops lassen sich darüber hinaus Methoden zu Teambildung und Aufgabenzuordnung, wie z.B. die RASIC, anwenden.

7. Strategisches Denken und Handeln
Für das Beispiel gilt:
- langfristig denken — die Abteilung soll nach der Neuausrichtung als Team Höchstleistungen erbringen;
- positive Arbeitskultur und guten Teamspirit aufbauen, alle Mitarbeiter stärkenorientiert einbeziehen;
- die Prinzipien guter Führung kennen und leben;
- beim Vorgehen keine Flurschäden anrichten, z.B. Vorgänger nicht schlecht machen.

Zusammenfassung
Die Neuausrichtung und Restrukturierung einer Abteilung ist die klassische Aufgabe einer Führungskraft. Die SADT-Methode eignet sich hervorragend, um einen vollständigen Überblick auf die maßgeblichen Stellgrößen eines Verantwortungsbereichs zu bekommen. Sie erlaubt, einen beliebig tiefen Detaillierungsgrad bei der Analyse zu betrachten. Bei geschicktem Vorgehen können alle Mitarbeiter sowohl bei der Analyse als auch bei der Maßnahmenfindung zur Neuausrichtung einbezogen werden. Für eine optimale Mitarbeitermotivation sollten nicht die Fehler der Vergangenheit im Fokus stehen, sondern Erneuerungen und Verbesserungen. Exzellente Führungsarbeit ist angesagt, um hier den gewünschten Erfolg nachhaltig zu erzielen.

Lido Anthony „Lee" Iacocca, amerikanischer Manager, 20. Jh.:
„Führung ist nichts anderes als die Kunst, andere Menschen zu motivieren."

Hier ist das Vorgehen wieder sequenziell (siehe Abbildung 61). Die Zielvorgabe (1a) wird um persönliche Ziele (1b) erweitert. Das Vorgehen auf Basis der SADT- und GAP-Methoden wird festgelegt und kommuniziert (2). Die Zeitvorgabe (5) liegt bei 100 Tagen, Ressourcen sind die eigenen Mitarbeiter und bei Bedarf externe Beratung (4). Informationen (3) für die Maßnahmenfestlegung im Vorgehensplan (2) werden im Rahmen der Strategieumsetzung ermittelt.

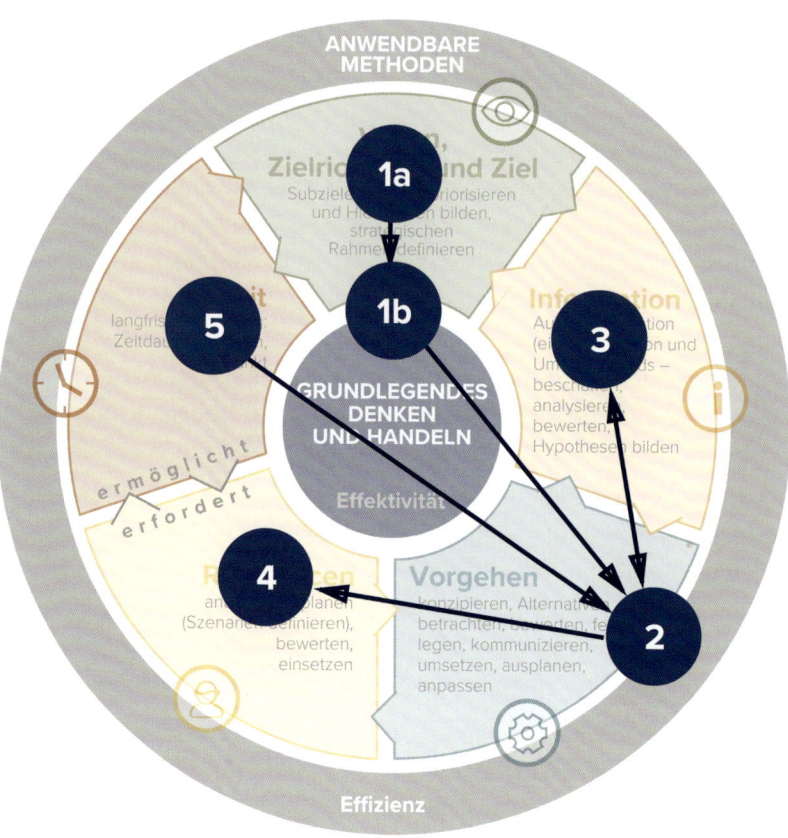

Abbildung 61: Strategisches Vorgehen am Beispiel Reorganisation einer Fachabteilung

Fazit: Anhand der Grafik (siehe Abbildung 61) ist gut erkennbar, wie sich die Strategie aus den Elementen des Strategie-Tableaus aufbaut. Es gilt: **Die anwendbaren Methoden sind maßgeblich für die Effizienz beim Vorgehen — Denken und Handeln sind maßgeblich für die Effektivität der Umsetzung!**

BEISPIEL „STRATEGIE WÄRMEPUMPE": EIN GAP-BASIERTER STRATEGIEPROZESS

Die Entwicklung einer neuen Unternehmensstrategie soll jetzt betrachtet werden. Ein Unternehmen, das seit Jahren Heizsysteme auf Basis elektrischer Wärmepumpen entwickelt, produziert und vertreibt, gerät durch den zunehmenden Wettbewerb und dem daraus resultierenden Preisverfall in Bedrängnis. Ein Produktkostenreduzierungsprogramm hat zwar anfänglich geholfen, weiterhin in der Gewinnzone zu bleiben, aber nun scheint das Kostensenkungspotenzial ausgeschöpft zu sein. Eine Neuausrichtung der Unternehmensprozesse oder ein neues verbessertes Produkt soll den Turnaround ermöglichen. Wie könnte eine Strategie aussehen, um die beste Lösung zu finden?
Die Strategieentwicklung basiert wieder auf dem Strategie-Tableau.

1. Ziel
Das Unternehmen muss in eine Gewinnzone mit einer mittelfristigen Umsatzrendite von mindestens 8 % geführt werden.

2. Vorgehen
Um die Lücken in der bisherigen Unternehmensstrategie zu finden, bietet sich die GAP-Methode an. Klar ist, dass entweder die Unternehmensprozesse bzw. einzelne Unternehmensbereiche zu teuer/ineffektiv sind oder die Produktsubstanz nicht ausreichend ist, um höhere Preise/Gewinne am Markt zu erzielen. Im ersten Schritt muss daher analysiert werden, ob die Lücken (GAPs) in der internen Umsetzung oder in der Wahrnehmung von Marktchancen liegen.

Eine Identifizierung der Lücken auf der Umsetzungsseite (in Abbildung 62 als Leistungsabweichung bezeichnet) findet statt durch:

- Analyse und Vergleich der Prozesskosten für Entwicklung, Produktion, Logistik und Vertrieb mit üblichen Standards;
- Analyse der Effektivität von Marketing und Strategie;
- Analyse und Vergleich der Kosten von Querschnittsfunktionen.

Die Identifizierung der Lücken im Produktangebot (in Abbildung 62 als Chancenabweichung bezeichnet) findet statt durch:

- Vergleich mit Wettbewerbsprodukten;
- Analyse des Marktbedarfs;
- Analyse von anwendbaren Innovationen und neuen Technologien.

Da nicht sofort erkennbar ist, welche Ziele und welche Maßnahmen zu dem gewünschten Ergebnis führen, empfiehlt sich ein agiles Vorgehen.

Im Sinne von „Chancen nutzen und Risiken vermeiden" gilt es, die besten Lösungskonzepte zu finden und deren Umsetzungsmöglichkeiten zu prüfen.

Nach Auswertung der verfügbaren Informationen (siehe Punkt 3. Informationen) ergibt sich folgendes Bild: Das derzeit angebotene Heizungssystem auf Basis einer elektrischen Wärmepumpe bietet kein Differenzierungspotenzial gegenüber Wettbewerbsprodukten. Weder Preis noch Funktionalität sind attraktiver als vergleichbare Produkte. Für die Zielerreichung sollte wenigstens einer der beiden Faktoren besser sein.

Durch das Produktkostenreduzierungsprogramm wurden bereits viele Kostensenkungsmaßnahmen in Entwicklung und Produktion ausgeschöpft. Einsparungen im Vertrieb und in den Querschnittsfunktionen sind nach Benchmark noch möglich, sind jedoch risikobehaftet und führen weniger zu den notwendigen Effekten.

Interessant ist die Analyse der Chancenabweichung. Es zeigt sich, dass die Wettbewerbsprodukte kein Mehr an Qualität und Funktionalität bieten. Die Marktanalyse durch Umfragen bei Heizungsinstallationsfirmen hat ergeben, dass ein zunehmender Bedarf besteht, die Gas-/Ölheizungen durch effiziente und klimafreundlichere Wärmepumpen zu ersetzen. Da in Altbauten meist noch Radiatoren als Heizkörper im Einsatz sind, die hohe Vorlauftemperaturen benötigen, sind elektrische Wärmepumpen hier nicht wirtschaftlich. Sie eignen sich primär für Fußbodenheizungen.

Durch einen Soll-Ist-Vergleich entsteht die Idee, ein neues Heizungssystem zu entwickeln, das besonders für Altbausanierungen geeignet ist. Entsprechende erfolgskritische Anforderungen werden definiert. Im Vorgehen wird das Ziel weiter konkretisiert und mit einem morphologischen Kasten verschiedene Lösungskonzepte analysiert und bewertet.

Nach Auswertung des Morphologischen Kastens erscheinen zwei neue Pumpentypen für eine Altbausanierung besonders vielversprechend:
- Typ 1: eine „Mitteltemperatur-Wärmepumpe" für Gebäude mit großflächigen Radiatoren (Systemtemperaturen zwischen 55 °C und 65 °C).
- Typ 2: eine „Hochtemperatur-Wärmepumpe", wenn keinerlei zusätzliche Sanierungsmaßnahmen notwendig sind (Systemtemperatur zwischen 65 °C und 75 °C).

Der Strategiefokus wird jetzt auf die Entwicklung gelegt. Nach Abschluss erster Voruntersuchungen und Durchführung einer Nutzwertanalyse wird die Entscheidung getroffen, die neuen Wärmepumpen als Absorptions-Gas-Wärmepumpen auszulegen. Diese Technologie verspricht für den großen Markt der Altbausanierungen beste Wirkungsgrade bei wettbewerbsfähigen Herstellkosten.

Beide Typen sind mittels eines neuen Baukastens unter Verwendung von Gleichteilen bisheriger Systeme zu entwickeln.
Für eine schnelle Marktpräsenz der Produkte ist die Anwendung von Methoden zur Komplexitätsreduzierung und -beherrschung ratsam. Aufgrund des enormen Zeitdrucks wird beschlossen, auch die Produktentwicklung nach agilen Methoden neu zu gestalten.

Parallel muss ein passendes Marketing- und Vertriebskonzept entwickelt werden und technische Innovationen sollen patentrechtlich geschützt werden.

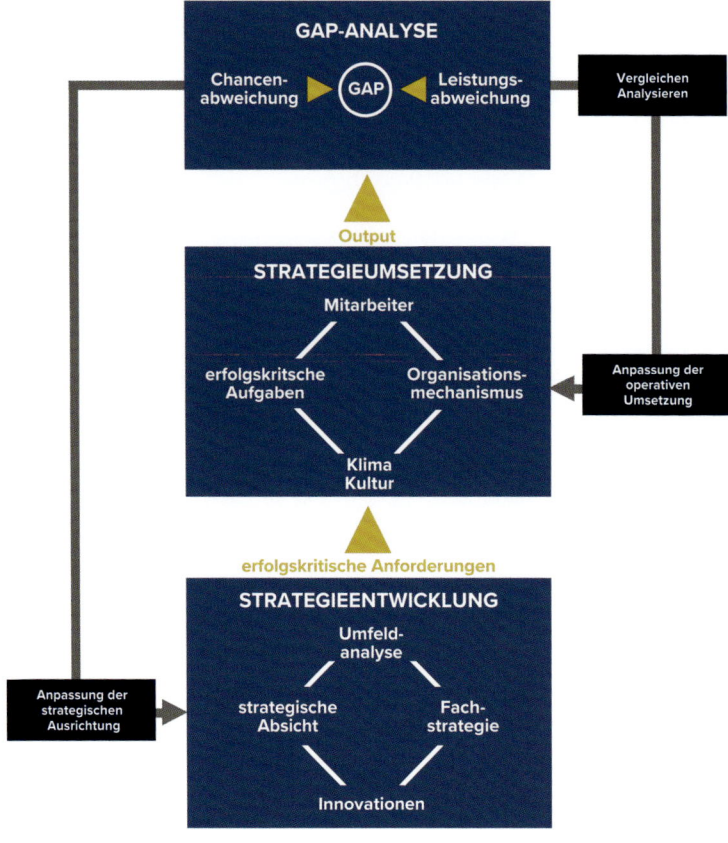

Abbildung 62: Beispiel GAP-Strategieprozess

3. Informationen

Es werden umfangreiche Informationen, mit denen sich die GAP-Analysen durchführen lassen, benötigt. Dies sind Informationen (Ist-Größen), die innerhalb des Unternehmens ermittelt und Informationen (Soll-Größen), die am Markt und aus Wissenschaft/Forschung zusammengetragen werden müssen. Die Informationsbeschaffung hat eine Schlüsselrolle für die Strategie. Sie ist die Grundlage für das weitere Vorgehen und erfordert besondere Kreativität und Aufmerksamkeit. Eventuell müssen sogar spezialisierte Forschungseinrichtungen mit Recherchen und Technologiebewertungen beauftragt werden.

Falls die Entwicklung der neuen Wärmepumpen erfolgsversprechend erscheint, muss ein Marketing- und Vertriebskonzept erstellt werden, das die Vorteile der Wärmepumpen überzeugend aufzeigt. Hierfür sind rechtzeitig geeignete Informationen aus der Entwicklung bereitzustellen.

4. Ressourcen

Es ist unerlässlich, dass alle maßgeblichen Führungskräfte und die obere Leitungsebene in die GAP-Analyse eingebunden sind. Interne Schwachstellen dürfen nicht „unter den Teppich gekehrt" werden. Eine offene Diskussionskultur ist somit eine gute Voraussetzung.
Externe Berater können zur Unterstützung herangezogen werden. Ihre neutrale Sicht und ihr Wissen zu üblichen Kennzahlen garantieren mehr Objektivität und helfen bei der Festlegung realistischer Zielgrößen.
Externe Spezialisten aus Forschung/Wissenschaft können wichtige Impulse in die Produktentwicklung einbringen. Der Schutz des eigenen Know-hows ist dabei praktisch und vertraglich sicherzustellen.
Die Strategieumsetzung muss eventuell mit Fremdmitteln finanziert werden. Dieser Punkt ist im Vorgehen und bei der Budgetplanung zu berücksichtigen.

5. Zeit
Das Vorhaben steht unter zeitlichem Druck. Durch den Gewinnrückgang ist abzuschätzen, wie viel Zeit bis zu der notwendigen Wirkung der Strategie verbleibt. Der Umgang mit dem Zeitbedarf für jede Aktivität ist von Beginn an ein Muss und eine wichtige Größe für die gesamte Projektsteuerung.
Aus dem Vergleich der verfügbaren und notwendigen Zeiten müssen rechtzeitig Schlussfolgerungen für mögliche zusätzliche Ressourcen gezogen werden.
Methoden zum Zeitmanagement sind obligatorisch — das Verständnis zur Bedeutung der Zeit als kritischer Erfolgsfaktor ist im Team fest zu verankern.

6. Methoden
Neben den Methoden zum Zeitmanagement eignen sich auch Methoden zur Komplexitätsreduzierung. Sie können helfen, die Produktentwicklung zu beschleunigen. Die RASIC- und Swimlane-Methode sind beim Gestalten einer stringenten Projektorganisation denkbar.

7. Strategisches Denken und Handeln
Es ist klar erkennbar, dass bei „offenem" Herangehen eventuell Lösungen gefunden werden, die zu Beginn nicht denkbar gewesen wären.

Merkmale des Vorgehens sind hier:
- alle verfügbaren Informationsquellen werden genutzt;
- flexibles Vorgehen ermöglicht die situative Wahrnehmung von Chancen;
- in einer Vertrauenskultur lassen sich Missstände offen ansprechen und Maßnahmen diskutieren;
- gute Methodenkenntnisse ermöglichen effizientes und schnelles Vorgehen;
- Unterstützung ist da zu suchen, wo eigene Kompetenzen und Kapazitäten nicht ausreichen/fehlen.

Zusammenfassung
In diesem Beispiel steht bei der Strategieentwicklung ein Turnaround im Vordergrund. Durch eine umfassende GAP-Analyse hat sich der Fokus der Strategieentwicklung auf die Neuentwicklung einer Wärmepumpe, die auch für Immobilien mit herkömmlichen Radiatoren geeignet ist, reduziert.
Die Strategieumsetzung ist agil. Je nach Bedarf werden beim Vorgehen externe Ressourcen eingesetzt. Neben zusätzlichen Entwicklungskapazitäten und Fremdmitteln ist besonders das notwendige technologische Know-how erfolgskritisch.
Auch hier gilt wieder das Zitat von Yamamoto Tsunetomo, sich bei der Strategieentwicklung nicht nur auf das eigene Wissen und die eigenen Erfahrungen zu verlassen: *„Wenn all Deine Entscheidungen auf Deiner eigenen Weisheit basieren, tendierst Du zur Eigennützigkeit und begehst Fehler ..."*

Das Vorgehen ist iterativ (siehe Abbildung 63). Zu Beginn steht zunächst nur die Vorgabe einer Zielrichtung fest (1a). Aufgrund des offenen Vorgehens (2a) mithilfe der GAP-Analyse und mit Unterstützung der Ressourcen (5a) werden im vorgegebenen Zeitrahmen (4a) vorgehensentscheidende Informationen (3a) gewonnen. Diese Informationen (3a) führen zu einer Zielpräzisierung (1b) und Anpassung des Vorgehens (2b). Mithilfe externer Ressourcen (5b) und weiterer Informationen (3b) wird jetzt versucht, im Zeitrahmen (4b) das neue Produkt zu entwickeln.

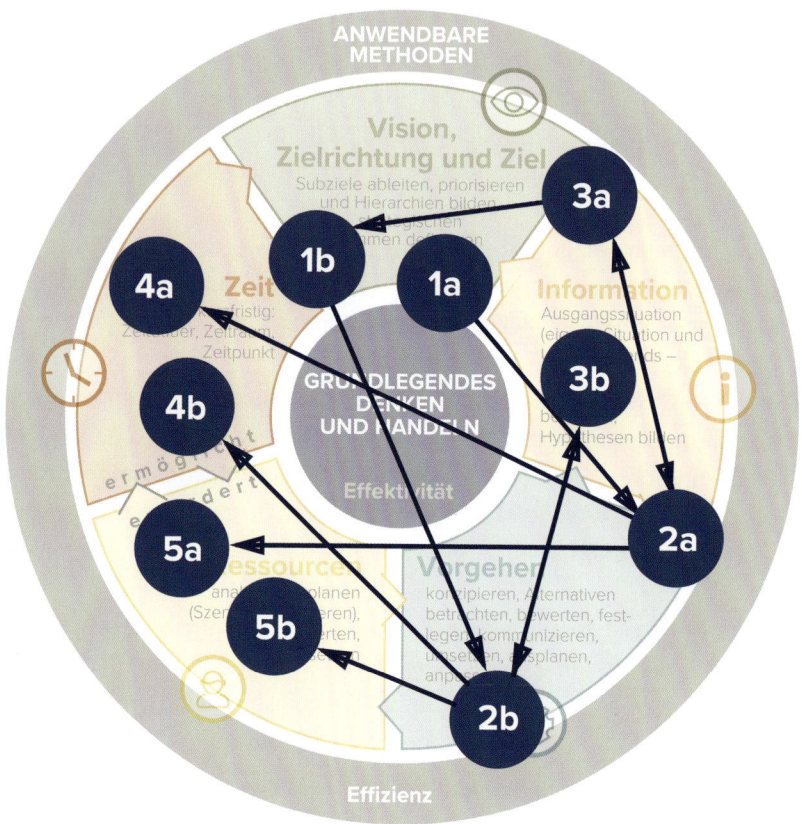

Abbildung 63: Strategisches Vorgehen am Beispiel Wärmepumpe

Fazit: Die Strategie basiert auf den Elementen des Strategie-Tableaus (siehe Abbildung 63) und es gilt: **Die anwendbaren Methoden sind maßgeblich für die Effizienz beim Vorgehen — Denken und Handeln sind maßgeblich für die Effektivität der Umsetzung!**

ZUSAMMEN-
FASSUNG

ZUSAMMENFASSUNG

In diesem Buch wird unter Strategie nicht nur ein Plan verstanden, der abzuarbeiten ist, um ein Ziel zu erreichen. Vielmehr bedeutet Strategie ein methodisches Vorgehen nach einem Konzept, das dazu dient, Ziele zu erreichen bzw. Handlungen in eine Richtung zu bewegen, damit gewünschte Effekte nachhaltig eintreten. Idealerweise wird bei der Konzeption des Vorgehens versucht, diejenigen Faktoren, die in die eigene Aktion hineinspielen könnten, von vornherein einzukalkulieren.

Je nach Umständen muss das Vorgehen immer wieder flexibel angepasst werden, um Chancen zu nutzen und Risiken zu vermeiden. Ebenso kann das konkrete Ziel durch eine grobe Zielbeschreibung oder sogar nur durch eine Zielrichtung ersetzt werden — das gilt besonders vor dem Hintergrund sich schnell ändernden Randbedingungen. Dieser Ansatz wird als agile Strategie bezeichnet. Das Vorgehen folgt also nicht einem festen Schema, sondern das Konzept wird situativ konfiguriert. Die Konfiguration sollte mithilfe geeigneter Methoden so gewählt werden, dass das Vorgehen und die geplanten Maßnahmen mit wenig Aufwand eine maximale nachhaltige Wirkung erreichen.

Jede Strategie wird von 7 Einflussgrößen geprägt — die sogenannten Grundelemente der Strategie. Sie sind in dem Strategie-Tableau mit ihren Beziehungen zueinander dargestellt. Die 5 Elemente Ziel, Information, Vorgehen, Ressourcen und Zeit sind voneinander abhängige Größen. Sie können je nach Ausgangssituation Input oder Output sein. Das heißt, ein Vorgehen benötigt Zeit, gleichzeitig kann die Zeit aber auch für das Vorgehen vorgegeben sein oder ein Vorgehen kann zeitliche Freiräume geben usw.

Das 6. Element „Grundlegendes Denken und Handeln" bestimmt die Effektivität der Strategie.

So kann eine noch so geniale Strategie in der Umsetzung scheitern, wenn eine schlechte Führung Mitstreiter demotiviert und/oder eine schlechte Kommunikation zu Missverständnissen und Fehlern führt.

Das 7. Element sind die Methoden, die über die Effizienz bei der Strategieentwicklung und -umsetzung entscheiden. Eine gute Strategie ist immer die, die mit minimalem Ressourceneinsatz schnell die gewünschten Ergebnisse nachhaltig erzielt.

Es gibt kein Patentrezept, wie eine Strategie zu gestalten und umzusetzen ist. In den 7 Kapiteln werden kontextfrei Anregungen zur Konfiguration einer Strategie und einer wirkungsvollen Umsetzung gegeben. Gute Informationen sind das Fundament jeder Strategie. Beschaffung, Auswertung und Weitergabe sind daher Schlüsselaufgaben jeder erfolgreichen Strategie. Wichtig ist, sich beim Vorgehen bereits das mögliche Ende mit *Best-/Worst-case*-Szenarien vorzustellen und zu beschreiben. Ausgehend von solchen Szenarien lassen sich Hypothesen aufstellen, zu denen die notwendigen Informationen zu beschaffen und geeignete Maßnahmen zu finden sind. Fazit: **Eine Strategie sollte immer vom Ende her gedacht werden.**

Sind Ziele vorgegeben, müssen zwingend die Erwartungen, die mit der Zielerreichung verbunden sind, bei den Auftraggebern und den anderen Beteiligten hinterfragt werden. Nur so lassen sich realistische Szenarien bilden. Das Gleiche gilt bei selbstdefinierten Zielen: Was geschieht, wenn ich mein Ziel erreicht habe? Wie lässt sich der Zustand halten? Was ist ein mögliches nächstes Ziel?

Die Planung von Vorgehen, Zeitpunkten und Zeitbedarf, Ressourcen und die Auswahl geeigneter Methoden sind anschließend Routinearbeit. Gutes strategisches Denken und Handeln ermöglicht die Konfiguration dieser Elemente zu einem funktionierenden Ganzen — es sichert den Erfolg! Wichtige Anregungen hierzu werden in einem eigenen Kapitel gegeben.

ZUSAMMENFASSUNG

Die im Kapitel „Anwendbare Methoden" beschriebenen Methodenbausteine sind eine Auswahl bewährter Methoden. Bei jeder Methode ist die entsprechende Anwendungsmöglichkeit beschrieben. Umgekehrt findet sich bei jeder Beschreibung eines Grundelements eine Auflistung geeigneter Methoden, die die Effizienz bei der praktischen Anwendung steigert.

Das Buch bietet praktische Tipps und Hilfen für die eigene Strategieentwicklung und -umsetzung. Die Struktur und die Inhalte des Buches spiegeln ebenso den Aufbau und Kern einer Strategie wider. Zitate helfen, wichtige Grundsätze zu verinnerlichen.

In einem separaten Kapitel wird die praktische Anwendung der Grundsätze zur Strategieentwicklung und -umsetzung an vier Beispielen erläutert. Das Literaturverzeichnis verweist auf die verwendeten Quellen — eine weitere Möglichkeit, vertieftes Wissen zu dem spannenden Thema Strategie zu erhalten. Die einzelnen Themenfelder sind farblich voneinander abgegrenzt, sodass der Leser schnell seine spezifischen Fragen nachschlagen und Interessen vertiefen kann.

ÜBER DEN AUTOR

ÜBER DEN AUTOR

Dietmar Trippner studierte an der Technischen Universität München Maschinenbau und promovierte an der Universität Karlsruhe. Dort war er von 1993 bis 2003 Lehrbeauftragter im Themengebiet Produktdatentechnologie (PLM). Seine berufliche Laufbahn begann er bei BMW in der IT für die Produktentwicklung. Über 20 Jahre arbeitete er in diesem Bereich, zuletzt als Vice President der Group IT. Im Rahmen der Funktion verantwortete er auch den Auf- bzw. Ausbau der IT in der Produktentwicklung und Produktion für BMW Brillance in China.

Er initiierte mit Kollegen aus der Automobil- und Elektroindustrie die Gründung der ProSTEP GmbH und des ProSTEP-Vereins. Von 1993 bis 1998 war er Geschäftsführer von ProSTEP und Beirat im Vereinsvorstand. Nach seiner Rückkehr zu BMW 1998 übernahm er die PDM-Abteilung bei BMW und Rover. Anschließend leitete er die Hauptabteilung Modellbau mit Fokus auf die Virtualisierung der Konstruktions- und Fertigungsprozesse.

Als Vice President Inhouse-Consulting und Organisation für die Ressorts Entwicklung, Einkauf und Produktion wirkte er zwischen 2005 und 2008 bei der Restrukturierung des BMW-Konzerns im Rahmen der Strategie „NumberOne" mit. Später stand er der Strategieentwicklung und Innovationen für alle Fahrzeugteile und -komponenten im Entwicklungsressort vor.

Dietmar Trippner war von 2004 bis 2014 Mitglied des Oberen Führungskreises bei BMW, bevor er sich 2014 mit der Unternehmensberatung dreiconsult selbstständig machte. Mit vielen Veröffentlichungen und Buchbeiträgen hat er sich für die Offenheit von IT-Systemen und firmenübergreifenden Kooperationen eingesetzt.
Das Buch „Das 1x1 der Strategie" entstand vor dem Hintergrund seiner Beratertätigkeit in der Industrie.

LITERATUR-
VERZEICHNIS

LITERATURVERZEICHNIS

[1] Mussnig/Mödritscher, Strategien entwickeln und umsetzen, Wien: Linde Verlag, 2013.

[2] S. Tsu, Die Kunst des Krieges, Hamburg: Nikol Verlag, 2020.

[3] G. Schoeck, Seneca für Manager, Zürich: Artemis Verlag, 1990.

[4] N. Machiavelli, Il Principe — der Fürst, Stuttgart: Reclam Verlag, 1991.

[5] „Strategie", 2017. „https://de.wikipedia.org/wiki/Strategie". [Zugriff am 4.6.2017].

[6] M. Musashi, Buch der fünf Ringe (Gorin-no-sho), München: Piper Verlag, 2014.

[7] T. Yamamoto, Hagakure: Der Weg des Samurai, Frankfurt: Angkor Verlag, 2012.

[8] C. v. Clausewitz, Vom Kriege, Stuttgart: Reclam Verlag, 1994.

[9] Duden, 2017. „http://www.duden.de/rechtschreibung/Strategie". [Zugriff am 4.6.2017].

[10] Scheuss, Handbuch der Strategien, Frankfurt am Main: Campus Verlag, 2012.

[11] H. Mönnich, BMW – Eine deutsche Geschichte, München: Piper Verlag, 1993.

[12] J. Welch, Winning — Das ist Management, Frankfurt: Campus Verlag, 2005.

[13] J. Welch, 29 Leadership Secrets, New York: The McGraw-Hill Companies, 2003.

[14] https://de.statista.com/statistik/daten/studie/504231/umfrage/umsatz-von-aldi-weltweit/ [Zugriff am 22.6.2023]

[15] M. E. Porter, Competitive Advantage, New York: Free Press, 2004.

[16] C. Gallo, Was wir von Steve Jobs lernen können, München: Redline Verlag, 2011.

[17] B. Gates, Der Weg nach vorn, Hamburg: Hoffmann und Campe, 1995.

[18] „Planung", 2017. „https://de.wikipedia.org/wiki/Planung". [Zugriff am 7.6.2017].

[19] „Erfolg", 2017. „https://de.wikipedia.org/wiki/Erfolg". [Zugriff am 21.7.2017].

[20] Trippner/Theis, „Agile PLM Strategy Development," in Entwerfen Entwickeln Erleben 2016, Dresden: Universitätsverlag & Buchhandel Eckhard Richter & Co. OHG, 2016, pp. 143 - 160.

[21] wiseCom, 2017. „https://wisecom.wordpress.com/2014/03/11/6-grossartige-vision-statements-und-gegen-beispiele/". [Zugriff am 10.6.2017].

[22] www.zitate.de, 2017. „http://www.zitate.de/autor/Kuenheim%2C+Eberhard+von?page=1". [Zugriff am 10.6.2017].

[23] H. R. Rau, Der Managementflüsterer, Darmstadt: Justus Liebig Verlag, 2006.

LITERATURVERZEICHNIS

[24] R. Nagel, Lust auf Strategie, Workbook zur systemischen Strategieentwicklung, Stuttgart: Schäffer-Poeschel Verlag, 2009.

[25] „Ressource", 2017. „https://de.wikipedia.org/wiki/Ressource". [Zugriff am 15.6.2017].

[26] Duden, 2017. „http://www.duden.de/rechtschreibung/Kompetenz". [Zugriff am 15.6.2017].

[27] M. Buckingham, Entdecken Sie Ihre Stärken jetzt!: Das Gallup-Prinzip für individuelle Entwicklung und erfolgreiche Führung, Frankfurt am Main: Campus Verlag, 2007.

[28] H. H. Hinterhuber, Leadership, Frankfurt: F.A.Z.-Institut für Management-, Markt- und Medieninformationen GmbH, 2004.

[29] F. Lessing, „Wer hat hier die Macht — und warum?," Zeit Wissen , pp. 52 - 57, April 2020.

[30] A. Cuddy, Presence: Bringing Your Boldest Self to Your Biggest Challenges, Little, Brown Spark; Illustraded Edi., 2015.

[31] L. Seiwert, „30 Minuten Zeitmanagement," Gabal Verlag, 2001.

[32] D. Trippner, Vorgehensmodell zum Management von Produktdaten in komplexen und dynamischen Produktentwicklungsprozessen, Shaker Verlag, 2002.

[33] „Einflussmatrix", 2020. „https://de.wikipedia.org/wiki/Einflussmatrix. [Zugriff am 1.5.2020].

[34] „Delphi-Befragung", 2020. „https://de.wikipedia.org/wiki/Delphi-Methode". [Zugriff am 30.4.2020].

[35] „Fehlerbaumanalyse", 2020. „https://de.wikipedia.org/wiki/Fehlerbaumanalyse". [Zugriff am 20.4.020].

[36] DIN, „Sicherheitsbestimmungen für elektrische Mess-, Steuer-, Regel- und Laborgeräte", in DIN EN 61010-1, Berlin, Beuth Verlag, 2011.

[37] T. Hürter, „So bin ich doch gar nicht", Zeit Wissen, p. 27, April 2020.

[38] I. C. Verein, „Stakeholderanalyse", „https://www.controlling-wiki.com/de/index.php/Stakeholderanalyse". [Zugriff am 20.4.2020].

[39] „SWOT Analyse", 2020.„https://de.wikipedia.org/wiki/SWOT-Analyse". [Zugriff am 6.3.2020].

[40] G. Oettingen, „Harvard Business Manager," 11 November 2014. „https://www.harvardbusinessmanager.de/blogs/auswirkungen-des-positiven-denkens-a-1001127-2.html". [Zugriff am 30.4.2020].

[41] S. Bachmann, „Warum tue ich nicht, was ich will?", Zeit Wissen, pp. 66 - 69, Mai/Juni 2020.

[42] Branken, Die 6 Meister der Strategie, Berlin: Econ, 2005.

[43] R. W. Reinhart Nagel, Systemische Strategieentwicklung, Stuttgart: Schäffer-Poeschel Verlag, 2014.

[44] Kasper, Strategien realisieren — Organisationen mobilisieren, Wien: Linde Verlag, 2004.

[45] M. Nöllke, Von Bienen und Leitwölfen — Strategien der Natur im Business nutzen, Planegg/München: Haufe Verlag, 2008.

LITERATURVERZEICHNIS

[46] Stephen R. Covey, Die 7 Wege zur Effektivität, Offenbach: Gabal Verlag, 2005.

[47] „Risikomanagement", 2020. „https://de.wikipedia.org/wiki/Risikomanagement". [Zugriff am 24.4.2020].

[48] „Zeitmanagement,", 2020. „https://de.wikipedia.org/wiki/Zeitmanagement". [Zugriff am 20.4.2020].

[49] R. Wicharz, Strategie: Ausrichtung von Unternehmen auf die Erfolgslogik ihrer Industrie, Wiesbaden: Springer Verlag, 2012.

[50] R. v. Normann, Das kleine Zitate-Lexikon für die Wirtschaft, Düsseldorf: Verlagsgruppe Handelsblatt GmbH, 2000.

[51] D. Trippner, „Der Wert der Offenheit," D1g1tal Agenda, pp. 68 - 74, 4.6.2017.